BERICHT

über eine

Bauwissenschaftliche Studienreise

nach der

Pommerschen Küste.

Ausgeführt

unter der Leitung des Geheimen Ober-Bauraths Herrn L. HAGEN
im April des Jahres 1885.

Herausgegeben

von den Reisegenossen.

Mit 21 Tafeln.

Springer-Verlag Berlin Heidelberg GmbH 1887

ISBN 978-3-662-39116-7   ISBN 978-3-662-40099-9 (eBook)
DOI 10.1007/978-3-662-40099-9

Vorwort

Technische Gesellschaftsreisen, zum Zwecke gemeinschaftlichen Studiums
unternommen, gehören dem Kreise jener Erscheinungen der letzten Jahr-
zehnte an, die das grosse Kulturmittel unserer Zeit, die Verkehrserleich-
terung, gezeitigt hat. Einzelne Techniker, und besonders die hervor-
ragenden, haben auch früher die Nothwendigkeit erkannt durch Reisen,
Sehen, Beobachten, den Kreis ihrer Anschauungen zu erweitern. Sie haben
die Mühseligkeiten langwieriger Reisen auf sich genommen und sich durch
die Anstrengungen und Unbequemlichkeiten in ihrem Streben nicht beirren
lassen. Heutzutage treten daneben die gemeinschaftlichen Studienreisen
von Technikern in grösserer Anzahl häufiger auf, man kann sagen, sie er-
freuen sich einer grossen Beliebtheit; Vereine, technische Verbände, Hoch-
schulen veranstalten sie in regelmässigen Zwischenräumen, und Niemand
trägt Bedenken anzuerkennen, dass sie unter gewissen Bedingungen in
ähnlicher Weise im Stande sind sowohl dem Einzelnen als der gesammten
Technik Nutzen zu bringen, wie der Austausch der technischen Literatur
zwischen den Kulturvölkern fördernd und belebend wirkt.

Gleichwohl giebt es eine grosse Zahl von Technikern, älteren und
jüngeren, welche diese gemeinschaftlichen Studienreisen durchweg miss-
trauisch, ja missfällig betrachten, und das, wie eingestanden werden muss,
nicht ohne Grund. Man erhebt den Vorwurf, die technische, wissenschaft-
liche Seite trete bei solchen Ausflügen hinter die gesellige unverhältniss-
mässig zurück, es werde das Angenehme gegenüber dem Nützlichen über
Gebühr bevorzugt. Dass dies zuweilen geschieht, lässt sich freilich nicht
bestreiten, wohl aber giebt es Mittel, diesem Fehler wirksam vorzubeugen.
Ist es schon eine Gewähr für die ernstere Behandlung eines derartigen,
wenn auch von jüngeren Leuten ausgehenden Unternehmens, wenn ein
würdiger Lehrer, ein erfahrener Beamter mit ruhiger Hand dasselbe leitet,
so bietet es eine noch grössere Sicherheit, wenn von vornherein der Plan
feststeht das Gesehene schriftlich niederzulegen, besonders dann, wenn
jeder Theilnehmer zur Mitarbeiterschaft verpflichtet wird.

Das vorliegende Werkchen, das Ergebniss einer unter dem Schutz
und der Leitung des Geh. Oberbaurathes Herrn L. Hagen von einer Anzahl

seiner derzeitigen und früheren Hörer an der technischen Hochschule zu Berlin in der Zeit vom 9. bis 15. April 1885 nach der pommerschen Küste ausgeführten Reise, ist in der angedeuteten Weise entstanden. Alle Reisegenossen haben an ihrem Theile mitgearbeitet, sie haben theils durch Aufzeichnungen an Ort und Stelle, theils später auf schriftlichem Wege den nöthigen Stoff herbeigeschafft und ihn nach einem vorher festgestellten Plane bearbeitet.

Man wird aber ohne Weiteres erkennen, dass dies nicht möglich gewesen wäre ohne die zuvorkommende Liebenswürdigkeit aller der Herren, die in den einzelnen Abschnitten der Reise unsere Führer gewesen sind, die uns mit mündlicher und schriftlicher Aufklärung sowie mit Zeichnungen unterstützt haben. Es ziemt sich diesen Herren an dieser Stelle den wärmsten Dank auszusprechen. Solcher Dank gebührt den Herren Regierungs- und Baurath Dresel, Baurath Ulrich und Regierungsbaumeister Stahl in Stettin, Herrn Obermaschinenmeister Truhlsen in Grabow, den Herren Direktoren Haack und Stahl, Oberingenieuren Brennhausen und Hoffert und Schiffsbaumeister Topp des „Vulkan", dem Herrn Direktor Haslinger in der Cementfabrik „Stern", den Herren Baurath Richrath, Bauinspektor Hermann und Lotsenkommandeur Müller in Swinemünde, dem Herrn Regierungs- und Baurath Benoit in Köslin, Herrn Bauinspektor Anderson in Colbergermünde, den Herren Stadtbaurath Bachsmann und Regierungsbaumeister Lindner in Colberg, Herrn Regierungsbaumeister Künzel in Rügenwaldermünde, endlich dem Vorstande der Deutschen Gesellschaft zur Rettung Schiffbrüchiger, welcher die für die ganze Auflage des Reiseberichtes erforderlichen Stationskarten unentgeltlich zur Verfügung gestellt hat, speziell dem Inspektor Herrn Kapitän Konrad für die freundlichst gewährte eingehende Auskunft.

Mit dem grössten Danke muss auch hervorgehoben werden, dass der Herr Minister der öffentlichen Arbeiten der Reisegesellschaft die Benutzung der Regierungsdampfer genehmigt hat.

Den tiefgefühltesten und ehrerbietigsten Dank aber schulden wir unserem hochverehrten Leiter und Fürsprecher, Herrn Geh. Oberbaurath Hagen. Er hat mit unermüdlichem Eifer und unwandelbarem Wohlwollen unsere Wege geebnet, unsere suchenden Blicke gelenkt, uns unausgesetzt belehrt und so dazu befähigt, dass wir das vorliegende Werk den Fachgenossen unterbreiten können.

Berlin, im November 1886.

Die Reisegenossen.

Inhalts-Verzeichniss.

Reiseplan.

1. Tag: Reise nach Stettin. Stettiner Hafen-, Eisenbahn- und Brückenbauten. Cementfabrik „Stern".

2. Tag: Bauhof Bredow. Schiffs- und Maschinenbau-Anstalt „Vulcan". Fahrt über das Haff und durch die Kaiserfahrt nach Swinemünde.

3. Tag: Swinemünder Hafenanlagen.

4. Tag: Seefahrt nach Colbergermünde. Die Hafenanlagen daselbst. Bauten für die Wasserversorgung der Stadt Colberg. Seefahrt nach Rügenwaldermünde.

5. Tag: Rügenwaldermünder Hafenanlagen. Die Stadt Rügenwalde.

6. Tag: Seefahrt nach Jershöft. Leuchtthurm daselbst. Seefahrt nach Stolpmünde. Hafenanlagen daselbst.

7. Tag: Heimfahrt.

Theilnehmer.

1. Gerlach, Regierungsbauführer,	9. Priess, Regierungsbauführer,
2. Günther, „	10. Roth, „
3. Hessler, stud. arch.,	11. Rothschuh, „
4. John, Regierungsbauführer,	12. Schlüter, „
5. Latowsky, „	13. Swart, „
6. Loeffelholz, „	14. Schümann, stud. arch.,
7. Offermann, „	15. Teichgräber, Regierungsbauführer,
8. Pollatz, „	16. Weydekamp, „

I.

Stettiner Hafen- und Bahnhofs-Anlagen.

Bearbeitet von

Roth und **Rothschuh.**

Mit Zeichnungen auf den Tafeln I bis IV von denselben.

———

Die Vorhalle des Stettiner Bahnhofes war am 9. April 1885 der Versammlungsort für die Reisegenossen. Kurz nach 8 Uhr des Morgens waren wir vollzählig beisammen; es wurden noch einige gute Rathschläge ausgetauscht, eine Reisekasse gegründet, Kleinigkeiten eingekauft, und als die Bahnhofsuhr 8 Uhr und 30 Minuten zeigte, fand uns das Signal zur Abfahrt nach Stettin bereits in behaglich eingerichteten Coupés.

Während dieser vom besten Wetter begleiteten Fahrt machte Herr Geheimer Ober-Baurath Hagen uns eingehender an der Hand von Karten mit der Eintheilung unseres Reiseplanes bekannt, sodass die Zeit, die im Uebrigen im Interesse einer guten Reisekameradschaft ausgenutzt wurde, bis zu der Ankunft in Stettin, die um 11 Uhr Vormittags erfolgte, uns recht schnell vergangen war. Hier wurden wir begrüsst von mehreren Herren des Betriebsamtes Berlin-Stettin und der allgemeinen Bauverwaltung. In freundlichster Weise übernahmen dieselben die Führung in dem für den Ingenieur in so mannigfacher Beziehung beachtenswerthen Stettin.

Dem Empfangsgebäude der Berlin-Stettiner Eisenbahn wurde nur ein flüchtiger Besuch zu Theil, bei welcher Gelegenheit Herr Regierungs-Baumeister Stahl uns mit Hülfe eines allgemeinen Uebersichtsplanes (siehe Tafel I. Fig. 1) über die gesammten Bahn- und Hafenanlagen Stettins unterrichtete.

In Stettin laufen z. Z. vier Bahnen ein: die Berlin-Stettiner, die Stettin-Pasewalker, die Stettin-Stargarder und die Breslau-Schweidnitz-Freiburger Bahn.

Die ersten drei Linien benutzen als Personen-Bahnhof gemeinsam den Berlin-Stettiner Bahnhof, als Güterbahnhof den auf dem rechten Ufer des Parnitzstroms belegenen Central-Güterbahnhof.

Die im Jahre 1877 eröffnete Breslau-Schweidnitz-Freiburger Eisenbahn dagegen hat ihren eigenen Personen- und Güterbahnhof. Derselbe liegt zwischen dem Parnitz- und dem Dunzigstrom.

Eine unmittelbare Ueberführung der Güterwagen von einem Bahnhof nach dem anderen ist ermöglicht durch das zwischen dem Ausziehgeleis der Stargarder Seite des Central-Güterbahnhofs und der Schweidnitz-Freiburger Bahn gelegene Verbindungsgeleis, das einen vollen Halbkreis mit einem Halbmesser von 180 m beschreibt.

An das nördliche Ende des Freiburger Bahnhofes schliessen sich mittels einer starken Krümmung die Geleise der Hafenanlagen am Dunzig an.

Wir wollen hierbei nicht unerwähnt lassen, dass z. Z. ein unmittelbarer Anschluss der Breslau-Schweidnitz-Freiburger Eisenbahn an den Berlin-Stettiner Bahnhof hergestellt wird. Zu diesem Zweck wird in dem Zwickel, welcher an der Ueberkreuzung der Stettin-Stargarder und Schweidnitz-Freiburger Eisenbahn gebildet wird, ein Verbindungsgeleis, das auf einer neu herzustellenden Brücke den Reglitzfluss überschreitet, ausgeführt.

Der Breslau-Schweidnitz-Freiburger Personen- und Güterbahnhof wird infolge dessen eingehen, oder zum Hafenbahnhof umgestaltet werden.

Die Hafenanlagen im
Allgemeinen.

Die grösseren Seeschiffe, welche in Stettin löschen oder laden, legen an den zur Seite des Oderstroms liegenden Bohlwerken oder an den neueren Hafenanlagen am Dunzig an. Schiffe mit Petroleumladung dürfen jedoch den Oderstrom, soweit er als Hafen dient, nicht benutzen. Sie treten, nachdem sie nöthigenfalls abgeleichtert haben, in den, dem nördlichen Ende des Schweidnitz-Freiburger Bahnhofes gegenüberliegenden Schifffahrtskanal ein und löschen stromabwärts von den Hafenanlagen am Dunzig.

Die kleineren Seeschiffe liegen in dem, den Oder- und Parnitzstrom verbindenden Wallgraben und im Parnitzstrom selbst.

Für den Verkehr zwischen Eisenbahn und Schiff ist in mannigfacher Weise Sorge getragen.

Die Hafenanlagen am Dunzig gestatten den unmittelbaren Uebergang der in grösseren Seeschiffen angekommenen Güter und Produkte auf die Eisenbahn und umgekehrt. Auf den Bohlwerken am rechten Ufer der Parnitz, die den Central-Güterbahnhof von Westen bis Nordosten begrenzen, findet ein Güteraustausch zwischen kleineren See- und Oderschiffen und der Eisenbahn statt, und endlich ist das sich an der Ostseite des Schweidnitz-Freiburger Bahnhofs hinziehende Bohlwerk für Oderschiffe in unmittelbare Verbindung mit demselben gesetzt.

Nachdem wir so über die Bahn- und Hafenanlagen Stettins im Allgemeinen unterrichtet waren, kamen wir zu der Besichtigung der einzelnen Anlagen.

Der Personenbahn-
hof der Berlin-
Stettiner Eisenbahn.
Hierzu Tafel II.

Der Berlin-Stettiner Personenbahnhof hat in der Zeit seines Bestehens schon bedeutende Umbauten erfahren. Da man bei dem Bau der Berlin-Stettiner Eisenbahn in den Jahren 1840—1843 die Möglichkeit eines baldigen Weiterbaues dieser Bahn nach Hinterpommern für ausgeschlossen hielt, so wurde der Bahnhof als Kopfstation ausgebildet. Bald jedoch stellte sich die Nothwendigkeit heraus, die Bahn zunächst bis Stargard weiter zu führen. Die im Jahre 1846 eröffnete Stettin-Stargarder Bahn erhielt ihre eigene Kopfstation, die rechtwinklig zu der vorhandenen lag und mit dieser durch scharf gekrümmte Geleise verbunden war.

Im Laufe der Jahre stellten sich jedoch in Folge des zunehmenden Verkehrs so viele Unbequemlichkeiten und Uebelstände bei der ungünstigen Lage der beiden Bahnhöfe zu einander heraus, dass zugleich mit der Erbauung der Stettin-Pasewalker Bahn im Jahre 1863 der Umbau des Berlin-Stettiner Bahnhofes zur Durchgangsstation ausgeführt wurde, bei welcher Gelegenheit man auch den Personen- und Güterverkehr durch Anlage des Central-Güterbahnhofes vollständig von einander trennte und die vorhandenen Niveauübergänge beseitigte.

Neuerdings ist man mit einer weiteren Vergrösserung des Personen-Bahnhofes vorgegangen. Das hierzu benöthigte Terrain ist gewonnen worden, indem man den Bahnhof nordwestlich bis hart an die Oderthorstrasse vorschob und ihn daselbst, anstatt wie bisher mit einer gewöhnlichen Böschungsanlage, durch gegliederte Futtermauern (siehe Tafel II. Fig. 2) begrenzte.

Der Bahnhof, der wegen der Ausnutzung des ihm sehr spärlich zugemessenen Grund und Bodens Beachtung verdient, erhält nach vollendetem Umbau die in Tafel II. Fig. 1 zur Darstellung gebrachte Gestalt. Die Geleise I, II und III sind die durch Zwischenperrons getrennten Hauptgeleise, deren besonderer Zweck aus der beigeschriebenen Bezeichnung hervorgeht. Auf Geleis III (Vorpommersche Züge) verkehren Züge in beiden Richtungen (von und nach Pasewalk). Von dem Geleis I zweigt sich ein Geleis nach dem Eilgutschuppen und der Vieh- und Wagenrampe ab. Die Eilgutwagen werden den nach Breslau und Stargard gehenden Zügen angehängt und den nach Berlin und Pasewalk gehenden Zügen vorgesetzt.

Auf das Maschinengeleis No. 4 folgen 5 Aufstellungs-Geleise No. 5—9 für Personenwagen bezw. für ganze Personenzüge. Dieselben sind auf ihrem östlichen Ende an eine Weichenstrasse angeschlossen, und stehen in dem westlichen Ende durch eine Schiebebühne mit einander in Verbindung, sodass es mit Hülfe dieser leicht möglich ist, einzelne Wagen aus den Aufstellungs-Geleisen herauszunehmen und von dem Geleis 5 aus vor bezw. hinter die betreffenden Züge zu stellen.

Es ist ferner für die einzige bis jetzt vorhandene Drehscheibe a eine Reserve-Drehscheibe b angelegt worden, die für den Fall, dass erstere schadhaft wird, zu benutzen ist. Die neue Drehscheibe ist vor den Mund des das frühere Ausziehgeleis aufnehmenden, jetzt nicht mehr benutzten Tunnels gelegt. Von den Drehscheiben führen Geleise nach der, die beiden rechteckigen Lokomotivschuppen zugänglich machenden Schiebebühne.

. Die von dem Central-Güterbahnhof kommenden bezw. nach demselben gehenden Güterzüge durchfahren den Personenbahnhof auf den Hauptgeleisen.

Von dem Personenbahnhof begaben wir uns, die Brücken des Oder- und Parnitzstromes sowie den Viadukt über die Silberwiese überschreitend, nach dem Central-Güterbahnhof.

Wir erwähnten bereits, dass derselbe, vermöge seiner Lage hart am rechten Ufer der Parnitz und einem Schifffahrtskanal für kleinere Seeschiffe und Kähne, zu gleicher Zeit Hafenbahnhof ist.

Der Central-Güter-
Bahnhof.
Hierzu Tafel III.

1*

Obgleich der Central-Güterbahnhof in mehreren Werken zeichnerisch dargestellt ist (Handbuch der Ingenieur-Wissenschaften, spezielle Eisenbahntechnik und Stein: „Die Umbauten der Berlin-Stettiner Bahn"), haben wir es doch für wünschenswerth erachtet, diesem Werkchen einen Plan beizugeben, auf dem — entgegen den bereits stattgefundenen Veröffentlichungen, die ausserdem den Bahnhof in seiner ursprünglichen, jetzt vielfach veränderten Gestalt zeigen — der Zweck der einzelnen Anlagen, soweit als er uns bekannt gegeben wurde, eingeschrieben ist.

Auf den Gesammtbetrieb des Central-Güterbahnhofes an dieser Stelle einzugehen, würde zu weit führen und wir müssen uns daher darauf beschränken, denselben zu streifen.

Die erforderlichen Rangirbewegungen werden während des Tages von sechs, während der Nacht von zwei Maschinen vorgenommen. Die einzelnen Bezirke dieser Maschinen sind auf der beigegebenen Zeichnung angedeutet: Für den Rangirbetrieb der Hafengeleise sind zwei Maschinen — die eine westlich am niederen Bohlwerk, die andere östlich von den Hauptgeleisen — am Bohlwerk der Damm'schen Seite — in Thätigkeit. Das Rangirgeschäft für die Waagen-, die Vieh- und Uebergabe-Geleise wird von der sogenannten „Wiegeschale-Maschine" besorgt. Auf den Geleisen vor dem Lokal-Güterschuppen rangirt die „Krumme-Strang-Maschine". Das Rangirgeschäft auf den Hauptaufstellungs-Geleisen No. III—XI liegt auf der Berliner Seite der dort stationirten „Berliner Seitenmaschine", auf der Stargarder Seite der sogenannten „Spitzmaschine" ob. Die beiden letztgenannten Maschinen sind auch während der Nacht in Thätigkeit.

Wir wollen versuchen, durch ein Beispiel in den Rangirvorgang auf dem Bahnhofe einiges Licht zu bringen.

Zug 2404 kommt 7 Uhr 10 Minuten Abends von Stargard an, fährt auf Geleis V ein und wird nach Abnahme durch Beamte des Güterdienstes von der „Spitzmaschine" erfasst. Dieselbe setzt die für Stettin bestimmten Wagen in die Geleisgruppe b, und drückt darauf die Wagen für Berlin und weiter in das Geleis No. IV (Abfahrt nach Berlin), von wo die Weiterfahrt des Zuges 2404 erfolgt und wo die von Stettin abgefertigten Wagen vorher ordnungsmässig aufgestellt worden sind.

Die für die Zwischenstationen bis Berlin bestimmten Güterwagen finden in Geleis III Aufstellung, nachdem sie während der Nacht nach Stationen rangirt worden sind. Geleis III ist nämlich das Aufstellungs-Geleis des dem Zuge 2404 folgenden, Morgens von Stettin abgehenden Güterzuges. Die vorerwähnten Wagen mit Zug 2404 in rangirtem Zustande mitzunehmen, ist wegen des kurzen Aufenthaltes desselben in Stettin nicht möglich.

Die ankommenden und abgehenden Güterwagen werden auf der Rangirgruppe b geordnet. Die Geleisgruppe a dient zur Aufnahme leerer und solcher Wagen, welche beiseite gesetzt werden müssen, um wichtige Betriebsgeleise nicht zu sperren.

Aus den Geleisen b werden die dort aufgestellten Wagen von den Maschinen der Berliner Seite, des niederen Bohlwerks oder von der Wiegeschale-Maschine abgeholt und deren betreffenden Bezirken zugeführt. Die Wagen, welche vor die Lokal-Güterschuppen oder an das den Bahnhof östlich begrenzende Bohlwerk kommen sollen, werden von der Wiegeschale-Maschine bis an die Grenze ihres Gebietes gebracht und den Maschinen der betreffenden Reviere zur Weiterbeförderung übergeben.

Was die Grösse des auf dem Central-Güterbahnhof zu bewältigenden Verkehrs anbetrifft, so bemerken wir, dass auf der Hauptlinie Berlin-Stettin-Stargard aus jeder Richtung täglich vier Züge ankommen und ebensoviel nach jeder Richtung abgehen. Ausserdem kommt ein Zug von Vorpommern (Pasewalk) und geht dahin ab.

Von dem Central-Güterbahnhof wandten wir unsere Schritte nach den Hafenanlagen am Dunzig. Ein belebtes Bild bot sich dort unseren Augen. Hier wurden Kohlen von einem grossen englischen Dampfer auf mehrere zu seiner Seite liegende Oderkähne übergeladen; mit grosser Geschwindigkeit tauchten die gefüllten Körbe, von den Dampfwinden des Dampfers gehoben, aus dem Schiffsraum empor, durchkreisten in weitem Bogen die Luft und senkten sich ebenso schnell zu dem an Backbord des Seeschiffes gelegenen Oderkahne hinab. Ein nervenerschütterndes Geräusch, das von den sich in grosser Geschwindigkeit auf den Windetrommeln auf- und abwickelnden Ketten herrührte, erfüllte dabei die Luft. Wie angenehm waren wir dagegen berührt, als wir gleich darauf zu den benachbarten Güterspeichern kamen, wo — im wohlthuenden Gegensatz zu der geräusch-vollen, überhasteten Arbeit der Schiffskrahne — die beweglichen Dampf-krahne ihre fast lautlose Thätigkeit ausübten. Mit welcher vornehmen Ruhe hoben sie die schweren Lasten in die Höhe, schwenkten dieselben in den überdeckten Ladeperron der Güterspeicher ein und legten sie dort ebenso ruhig nieder.

Die Gesammtanlage des Hafens am Dunzig ergiebt die beigegebene Tafel IV, ebenso findet man dort einen Querschnitt durch einen der Güter-speicher und eine Ansicht desselben.

Wir machen hierbei besonders auf den sehr geräumigen, überdachten Ladeperron von 9 m Breite aufmerksam und bemerken, dass man in neuerer Zeit diesen Perrons den Vorzug vor schmäleren giebt.

Bezüglich der Geleisanlagen und des Betriebes auf denselben haben wir Folgendes zu erwähnen.

Das sich neben dem Krahngeleis hinziehende Geleis No. 1 ist zur Aufnahme solcher Wagen bestimmt, welche nicht versteuerbare Waaren aufnehmen oder abgeben sollen.

Sämmtliche steuerpflichtige Güter dagegen müssen ihren Weg durch einen der vier Güterspeicher hindurch nehmen. Diejenigen Wagen, welche solche Güter bringen oder holen sollen, nehmen deshalb auf dem hinter den Speichern belegenen Geleis 2 während der Zeit des Umladegeschäftes Aufstellung.

Der Betrieb auf den Geleisen ist folgender:

Zur Frühstücks- und Vesperzeit, Morgens $^1/_2$9 Uhr und Nachmittags $^1/_2$4 Uhr, werden die an den Güterspeichern abgefertigten Wagen von dem Geleis 2 in das Geleis 4 gebracht. Eine zu dieser Zeit von dem Schweidnitz-Freiburger Bahnhof ankommende Maschine nimmt zunächst die im Geleis 1 stehenden abgefertigten Wagen, setzt sich mit diesen vor die im Geleis 4 zur Abfahrt bereit stehenden Wagen und bringt dieselben nach

Die Hafenanlagen
am Dunzig.
Hierzu Tafel IV.

einem auf dem Schweidnitz-Freiburger Bahnhof befindlichen Uebergabe-geleis, wo sie ein Beamter des Central-Güterbahnhofes in Empfang nimmt.

Die für den Hafenbahnhof am Dunzig bestimmten Wagen haben in einem zweiten Uebergabegeleis des Freiburger Bahnhofes Aufstellung genommen und werden von einer Lokomotive etwa um $^1/_2$11 Uhr Morgens und $^1/_2$6 Uhr Abends nach dem Dunzig geschoben. Dort nehmen sie entweder in dem Geleis 1 oder in dem Geleis 3 Aufstellung. In letzterem verbleiben sie so lange bis ihre Abfertigung an den Güterspeichern erfolgen kann, und sie zu diesem Zweck in das Geleis 2 übergeführt werden müssen.

Das Geleis 4 dient auch zur unmittelbaren Zuführung schwerer Güter nach dem am oberen Ende der Hafenanlage gelegenen Ladeplatz.

Die Drehscheiben, welche die Geleise 1, 2 und 3 mit einander verbinden, werden nur ausnahmsweise dann benutzt, wenn aus Geleis 1 abgefertigte Wagen genommen, oder abzufertigende nach demselben gebracht werden sollen, ohne die bereits dortstehenden, noch nicht abgefertigten Wagen in ihrem Ladegeschäft zu stören. Die Drehscheiben haben einen Durchmesser von 5,5 m; eine Ausnahme hiervon macht die am stromaufwärts gelegenen Ende des Hafens befindliche, die 6,5 m Durchmesser hat und so dreiachsigen Wagen das Drehen gestattet.

Es bleibt uns nur noch Einiges über den am östlichen Ende der Hafenanlagen am Dunzig befindlichen schwimmenden Krahn von 40000 kg Tragfähigkeit zu sagen.

Derselbe wurde im Jahre 1883 von der Schweidnitz-Freiburger Bahn erbaut und in der Maschinenfabrik Cyklop (Mehlis und Behrens) zu Berlin hergestellt. Eingehenderes über diesen Krahn findet man in „Glaser's Annalen", Jahrgang 1885 S. 28.

Der Krahn liegt gewöhnlich in dem für ihn ausgehobenen Becken (siehe Tafel IV Fig. 2). Er schwenkt um einen Drehpfahl behufs Entnahme von Lasten aus dem Schiff und Verladen derselben auf die Eisenbahn oder auf Landfuhrwerk. Nur in Ausnahmefällen soll der Krahn auch Verwendung an anderen Stellen finden, sodass man sich darauf beschränkt hat, zur Fortbewegung zwei durch die Dampfmaschine betriebene Kabstans vorzusehen. Der Krahn ist nur für Dampfbetrieb eingerichtet.

Das Schiffsgefäss hat die in der beigegebenen Zeichnung (s. Tafel I) eingeschriebenen Abmessungen. Es ist in 9 wasserdichte Kammern getheilt. Als Gegengewicht hat es an seinem hinteren Ende einen Wasserkasten von 45 cbm Inhalt erhalten.

Der Krahn hat einen beweglichen Ausleger. Derselbe besteht aus zwei um ihren Fuss drehbaren Säulen, die am Kopf durch die Hinterstütze gefasst werden. Der Fuss der letzteren gleitet kreuzkopfähnlich zwischen Führungen und wird durch zwei Schrauben-Spindeln, die von der Dampfmaschine gedreht werden, bewegt.

Der Krahn soll Lasten bis zu 40000 kg heben. Seine Bauart ist jedoch für eine Belastung von 50000 kg durchgeführt.

Bei 40000 kg am Ausleger beträgt die Eintauchtiefe vorn 1750 mm, hinten 250 mm. Bei 14000 kg Nutzlast am Ausleger steht das Schiffsgefäss horizontal.

Für den Fall, dass Lasten an einer Hafenstelle von dem Krahn ge-
löscht und an einer anderen Stelle verladen werden sollen, werden dieselben
auf das zu diesem Zwecke besonders stark angeordnete Vorderdeck, das zur
Aufnahme von Eisenbahnfahrzeugen mit einem kurzen Geleisstück versehen ist, gesetzt, und so nach der Verladungsstelle gefahren.

Der Schiffsverkehr in Stettin gestaltete sich für das Jahr 1883 nach
der Statistik des Deutschen Reiches, neue Folge, Band 11, Abtheilung II,
S. 100 wie folgt:

Es kamen an im Jahre 1883 3251 Schiffe mit einem Gesammtinhalt
von 859 052 Register-Tons.*)

Es gingen ab im Jahre 1883 3528 Schiffe mit einem Gesammtinhalt
von 876 646 Register-Tons.

II.

Die Brücken im Oderthale bei Stettin.

Bearbeitet von

Teichgräber.

Mit Zeichnungen auf Tafel V von demselben.

Die Besichtigung der Brücken in und bei Stettin war zu eng mit derjenigen der dortigen Bahnhofs- und Hafenanlagen verbunden, als dass die
Zeitfolge für den Bericht über dieselben als Richtschnur gelten könnte.
Es sei daher gestattet, dieselben hier getrennt nach den Verwaltungen zu
behandeln und zunächst vorauszuschicken, dass die Brücken der Berlin-
Stargarder, sowie der Breslau-Schweidnitz-Freiburger Eisenbahn im Oderthale bei Stettin in verschiedenen Werken, wie

„Stein, Erweiterungsbauten der Berlin-Stettiner Eisenbahn,“

„W. v. Haselberg, die Brücken der Berlin-Stettiner Eisenbahn im
Oderthale bei Stettin,“ Erbkam, Ztschr. f. Bauwesen 1879,

„Die Bauten der Breslau-Schweidnitz-Freiburger Eisenbahn im Oderthale bei Stettin,“ nach Vortrag von Wiebe, Deutsche Bauzeitung 1875,

schon veröffentlicht sind.

Zur Beseitigung der Uebelstände, die sich in Folge der getrennten
Anlage der Bahnhöfe der Berlin-Stettiner Bahn und der Stettin-Stargarder
Bahn im Laufe der Zeit herausgebildet hatten, wurden die beiden Bahnen,
wie schon oben näher erläutert, in Verbindung gebracht, und zwar durch

*) Register-Tonne bezeichnet ein Raummass = 2,83 cbm.

eine neue Strecke, die quer durch das Oderthal hindurchführt. Diese neue Bahnstrecke verlässt den Personen-Bahnhof Stettin in nordöstlicher Richtung in einer Kurve von 192 m und mit einer Steigung von 1:200, geht mittelst eines 63 m langen Viadukts an der Bohlwerkstrasse entlang (Fig. 1 Tafel I) und überschreitet die Oder unter einem Winkel von 59° 20′ mit einer Brücke von 141 m Länge in 4 Oeffnungen, von denen 2 durch eine Drehbrücke gebildet werden. Hieran schliesst sich der Viadukt über die Silberwiese in einer Länge von 339 m an, dann die Ueberbrückung der Parnitz in einer Länge von 112 m, die in ähnlicher Weise wie die Ueberbrückung der Oder (Fig. 4 Taf. V) ausgeführt ist; hierauf folgt der neue Güterbahnhof. Da die Richtung desselben senkrecht zum Oderthal liegt, so ist im weiteren Anschluss an denselben eine aus 14 Oeffnungen zu 25,42 m lichter Weite, im Ganzen 369 m lange Fluthbrücke (Fig. 1a Taf. V) erbaut. Von hier ab schliesst sich die neue Strecke an die alte nach Stargard führende Bahn wieder an.

Sämmtliche Brücken sind aus Eisen und mit Ausnahme des Viadukts an der Bohlwerkstrasse, sowie des Viadukts über die Silberwiese und der Drehbrücken nach dem Muster der Schwedlerträger erbaut.

Bei der Oderbrücke betragen die Spannweiten des Schwedlerträgers 39,55 m, bei der Parnitzbrücke 37,66 m. Die Drehbrücken über die Oder und die Parnitz haben Oeffnungen von je 12,55 m lichter Weite. Der Viadukt an der Bohlwerkstrasse hat 3 Durchfahrtsöffnungen von je 10,57 m lichter Weite und 4 Fussgängerwege von 5,70 m lichter Weite; die Träger sind Blechträger.

Die Feststellung und Entlastung der Drehbrücke ist durch eine sehr sinnreiche Vorrichtung bewirkt; dieselbe ist von Siemens angegeben und demselben patentirt. Näheres darüber findet sich unter No 12380 der deutschen Reichspatente.

Der Viadukt über die Silberwiese hat 29 Oeffnungen von 7,70 bis 12,83 m Weite. Dieser Viadukt, welcher die Verbindung zwischen der Oder- und der Parnitzbrücke bildet, bot verschiedene Schwierigkeiten. Eine Dammschüttung wurde aus fortifikatorischen Rücksichten nicht gestattet, und durfte massives Mauerwerk nur bis 30 cm über Terrain ausgeführt werden. Ferner waren verschiedene verkehrsreiche Strassen und Durchfahrten der Anwohner zu überbrücken.

In Folge dessen wurde (Fig. 2 Taf. V) auf massivem Fundament ein gusseiserner Unterbau mit schmiedeeisernem Oberbau aus Blechträgern hergestellt. Um ferner Feuersgefahr für die neben dem Viadukt befindlichen Bretterschuppen und Lagerplätze für Holz, Theer, Torf u s. w. zu vermeiden, musste eine tunnelartige Ueberdeckung aus schmiedeeisernem Gerippe mit Wellblechabdeckung hergestellt werden.

Bezüglich der Gründungsart ist zu erwähnen, dass der Boden im Oderthale bei Stettin aus Schichten von Wurzelgeweben und leichtem Torf besteht, welche auf einer völlig durchweichten, schlammigen Masse, die im Durchschnitt 8 m tief ist, schwimmen. Erst hierunter befindet sich der tragfähige Boden, der aus feinem, festgelagertem, von Thonadern durchsetztem Sande besteht. Es sind daher die Pfeiler der übrigen Brücken auf Pfahlrost oder Brunnen gegründet worden. Da sich nun auf der Silberwiese durch den dort aufgeschütteten Boden Brunnen schwer senken liessen, untersuchte man die Tragfähigkeit dieses aufgeschütteten Bodens mittelst eines Probepfeilers, der eine Länge von 9,42 m, eine Breite von 4,39 m und eine Tiefe von 1,8 m hatte und aus Ziegeln gemauert war. Nachdem der Pfeiler 3 Monate ohne Belastung gestanden hatte, wurde er einen Monat so stark belastet, dass die Grundfläche des ganzen Pfeilers einen Druck von 300 t, welcher Druck jedoch nie eintritt, auszuhalten hatte. Die hierdurch bewirkte Senkung betrug 15,7 cm. In Folge dieser günstigen Ergebnisse wurde die Gründung sämmtlicher Pfeiler auf der Silberwiese auf diese Art ausgeführt.

Der gusseiserne Unterbau besteht über jedem Pfeiler aus 6 durchbrochenen Wänden (Fig. 2. Taf. V.), auf welchen die schmiedeeisernen Oberbauträger ruhen. Diese 6 in der Längsrichtung stehenden Wände sind untereinander durch gusseiserne Rahmen verbunden. Die Fahrbahnträger sind Blechträger, die bei den Wegeunterführungen als Zwillingsträger angeordnet sind. Die tunnelartige Ueberdachung ist im Anschluss an das Normalprofil des lichten Raumes in Korbbogenform ausgeführt, und muss bei einer eintretenden Belagerung binnen 48 Stunden beseitigt sein. Die aus Winkeleisen und Gitterwerk bestehenden Binder, die eine Entfernung von 3,77 m haben, sind unter einander durch waagerechte Längsträger, sowie durch Windverband verbunden. Die Befestigung der Binder an den Fahrbahnträgern, sowie im Scheitel ist durch Schraubenbolzen bewirkt, um die leichte Auseinandernahme zu ermöglichen. Die Abdeckung besteht aus Wellblech, in welchem Glasfenster zur Erleuchtung angebracht sind.

Die Eisenbahnstrecke vom Bahnhof Stettin bis zum Anschluss an die ältere Strecke nach Stargard war beim Neubau zweigeleisig angelegt; da jedoch die übrige Strecke vorläufig nur eingeleisig hergestellt war, so wurde das zweite Geleis der neuen Strecke als Güter- bezw. Ausziehgeleis benutzt. Die bestehende eingeleisige Strecke nach Stargard hatte bei ihrer weiteren Ueberschreitung des Oderthales bis 1864 noch Holzbrücken von rd. 1700 m Länge mit 1550 m Durchflussweite. Als jedoch das zweite Geleis ausgebaut werden sollte und 1864 300 m dieser, bei H. W. stets gefährdeten Brücken trotz der aufmerksamsten Bewachung abbrannten, wurden die sämmtlichen hölzernen Brücken in eiserne umgewandelt. Hierbei wurde das Fluthprofil in Folge sorgfältiger Untersuchungen der Vorfluthverhältnisse von 1550 m auf 519,1 m eingeschränkt. Bei dieser Einschränkung, die zu keinen Nachtheilen Veranlassung gegeben hat, wurde jedoch für nöthig erachtet, von der Parnitzbrücke bis zur Kahnfahrtbrücke (vergl. Lageplan) einen ununterbrochenen Verbindungskanal herzustellen, der das Hochwasser aus den verschiedenen Flussarmen durch die einzelnen Brückenöffnungen gleichzeitig abführen sollte. Derselbe erhielt eine Breite von 19,0 m und eine Tiefe von 1,6 m; ein Theil desselben, der schon früher angelegt war, hat bei derselben Breite eine Tiefe von 3,0 m.

Die grösseren Brücken, welche in Folge dessen erbaut werden mussten, sind:

Die Brücke über die kleine Reglitz (Fig. 1b, Fig. 3a und 3b Tafel V), bestehend aus 2 Fluthöffnungen zu je 15,0 m Weite und einer Stromöffnung von 38,0 m Weite in einer Gesammtlänge von 74,60 m. Die Fluthbrücken sind als Blechträger, die Strombrücke als Schwedlerträger ausgeführt. In gleicher Weise und in denselben Abmessungen ist die Brücke über den Brünnekenstrom (Fig. 1b Tafel V) hergestellt. Die Stärke der Strompfeiler beträgt bei 40,0 m Spannweite 2,7 m.

Die Brücke über die Kahnfahrt (Fig. 1b Tafel V) in einer Gesammtlänge von 213,57 m besteht aus 6 Fluthöffnungen je 15,0 m Weite, die mit Blechträgern überspannt sind, aus 2 Oeffnungen einer Drehbrücke mit je 12,55 m Weite und einer Stromöffnung von 72,5 m Weite. Der Träger der Stromöffnung ist ein Halbparabel-Träger; bei der Drehbrücke ist nur eine Oeffnung für Schiffe passirbar. Die Pfeiler der Fluthbrücke sind 1,6 m, der Auflagerpfeiler der Drehbrücke ist 2,51 m, der Mittelpfeiler der Drehbrücke 7,84 m und die Strompfeiler der Strombrücke sind bei 76 m Spannweite 4,0 m stark.

Die Brücke über den Zeglinstrom (Fig. 1b Tafel V) hat eine Gesammtlänge von 214,85 m und besteht aus 3 Fluthöffnungen von je 15,0 m und 5 Fluthöffnungen von je 12,5 m lichter Weite, die mit Blechträgern überspannt sind, und einer Stromöffnung von 88,0 m lichter Weite; die hierbei angewandte Trägerart ist der Halbparabel-Träger. Die Strompfeiler haben eine Stärke von 4,5 m, die Fluthpfeiler eine Stärke von 1,5 — 1,6 m.

Für das oben erwähnte zweite Geleis am Güterbahnhof, welches zuerst als Ausziehgeleis benutzt wurde, musste nach Eröffnung der ganzen zweigeleisigen Strecke ein neues Ausziehgeleis angelegt werden und wurde hierbei ausser einer Dammschüttung eine gleiche Fluthbrücke von 14 Oeffnungen zu je 23,5 m lichter Weite mit zusammen 369,09 m Länge nöthig, wie sie schon für die Hauptgeleise erbaut worden war. Die Träger sind ebenfalls Schwedlerträger.

Die Konstruktion der Träger sämmtlicher Brücken ist die gewöhnliche und bietet nichts Neues. Die Drehbrücken sind als Blechträger mit Stützung auf den Mittelzapfen ausgeführt und mit 3 seitlich angebrachten Laufrädern versehen.

Die Brücken der Breslau-Schweidnitz-Freiburger Eisenbahn.

Die Breslau-Schweidnitz-Freiburger Eisenbahn, welche die Verbindung von Breslau über Glogau, Küstrin mit Stettin bildet, schneidet bei Stettin das breite Oderthal in der allgemeinen Richtung von Süd nach Nord. Ihre Länge im Oderthal beträgt ohne Bahnhof 5630 m. Diese kurze Strecke bot viel Schwierigkeiten in Folge des erst etwa 8,0 m unter der Oberfläche befindlichen guten Baugrundes, sowie in der Herstellung der grösseren Brücken, die bei der Ueberschreitung der Nebenarme der Oder, sowie der Berlin-Stargarder Eisenbahn nothwendig wurden. Die Bahn überschreitet hierbei die grosse und die kleine Reglitz, sowie die Parnitz, lässt dagegen den eigentlichen Oderarm unberührt.

Bei Erbauung der Bahn kamen die Wasserstände der Oder mit ihren Nebenarmen in Betracht, welche aus den Zuflüssen der Oder einerseits und dem wechselnden Spiegel der Ostsee, 70 km unterhalb Stettin, andererseits sich ergeben. Durch die Stürme aus NW, N und NO zeigen sich Anschwellungen der Ostsee von 1,79 m über MW, während bei entgegengesetzten

Windrichtungen sich Spiegelsenkungen bis 1,18 m zeigen, sodass dieser Wechsel bei Swinemünde 2,97 m beträgt. Der höchste Wasserstand ergab sich bei Swinemünde am 13. November 1872 zu $+$ 2,79 m, der niedrigste Wasserstand am 11. Dezember 1868 zu $-$ 0,18 m; Mittelwasser liegt auf $+$ 1,0 m. In Folge des Steigens der Ostsee macht sich bei Stettin ein Rückstau bemerkbar, der erst bei Schwedt, 83 km oberhalb Stettin, verschwindet. Aus dem zwischen Schwedt und der Ostsee stattfindenden Wechsel des Wasserspiegels ergeben sich die Wasserstände bei Stettin und liegen die Grenzwerthe 1,60 m über und 0,80 m unter MW, sodass der Wechsel des Oderspiegels bei Stettin 2,40 m beträgt.

Die verschiedenen Höhen der Wasserstände sind mit geringen Abweichungen in den einzelnen Stromarmen mit Bezug auf Null des Amsterdamer Pegels folgende:

höchster bekannter Wasserstand (1855) . . . 3,98 m,

gewöhnliches Hochwasser . . . . 3,04 „

Mittelwasser . . . . 2,31 „

gewöhnliches Sommerwasser . . . . 2,12 „

      „   Niedrigwasser. . . . . 1,83 „

kleinster bekannter Wasserstand . . . . . 1,54 „

Gelände im Oderthal . . . . 2,6—2,8 „

Ein Anhaltepunkt für die nöthigen Durchfluss-Oeffnungen der neuen Bahn war nicht vorhanden, da die Oeffnungen der bestehenden Stettin-Stargarder Bahn weit über das nöthige Maass hinausgingen. Denn nach angestellten Messungen und Rechnungen ergab sich, dass die Oder bei Stettin bei dem bekannten höchsten Wasserstande vom 3. April 1855 nur 3092 cbm Wasser in der Sekunde abgeführt hatte, wovon 78 pCt. durch die Stromöffnungen und 22 pCt. durch die Fluthöffnungen flossen, während bei den ursprünglich hölzernen Brücken die Stromöffnungen 20 pCt. und die Fluthöffnungen 80 pCt. der ganzen Länge betrugen. In Folge dessen verengte die Berlin-Stettiner Bahngesellschaft beim Umbau dieser hölzernen Brücken in eiserne das Durchflussprofil von 3464 m auf 1420 m. Diese verringerte Weite wurde dann für die Breslau-Schweidnitz-Freiburger Eisenbahn massgebend, und betrug hierbei, da der Oderarm nicht überbrückt wurde, die Länge sämmtlicher Brücken mit Pfeilern 1020 m.

Die ausgeführten Brücken sind die folgenden:

Die Brücke über die grosse Reglitz, unter 72° zum Stromstrich geneigt, hat 3 Stromöffnungen und 1 Fluthöffnung von je 70 m Weite, deren Träger Schwedlerträger mit 8,3 m mittlerer Höhe sind; ferner enthält sie eine Drehbrücke mit 2 Oeffnungen von je 14,3 m Weite, aus Blechträgern mit Stützung auf den Mittelzapfen und 2 seitlich angebrachten Laufrädern ausgeführt. Die Gesammtweite beträgt 342 m.

·Die Brücke über die kleine Reglitz (Fig. 3 Tafel V) bildet zugleich die Ueberführung über die Stettin-Stargarder Bahn und über den Parallel-Kanal. Dieselbe besteht aus 1 Oeffnung von 60 m, 2 Oeffnungen von je 36 m und 2 überwölbten Oeffnungen von je 8,0 m; ihre Gesammtlänge beträgt 176 m. Um die Schwierigkeiten, welche sich in Folge des schlechten Baugrundes, sowie in Folge der Ueberführungen über den Parallel-Kanal und über die Stettin-Stargarder Bahn, deren Betrieb nicht unterbrochen werden durfte, zur Aufstellung fester Montirungsgerüste boten, zu umgehen, wurde über die 3 Hauptöffnungen ein kontinuirlicher Träger in Aussicht genommen. Hierbei war für den mittleren Theil die Form des Parallel-Trägers, für die Seitenöffnungen die Parallelträgerform, in die Bogenform übergehend, gewählt. Dieser kontinuirliche Träger wurde jedoch in Einzelträger umgeändert, da bei der leichten Bauart des Trägers in Folge des Hinüberschiebens nachtheilige Einflüsse auf die Konstruktion befürchtet wurden; ausserdem stellte es sich als nicht möglich heraus, den hohen Damm-Anschluss, der zur Montage nöthig war, rechtzeitig fertig zu stellen. Hervorzuheben ist noch, dass die Pfeiler der Hauptöffnung portalartig ausgebildet sind.

Die Fluthbrücke besteht aus 9 Oeffnungen mit je 35,3 m Weite, ihre Gesammtlänge beträgt 343 m; die Trägerart ist der Schwedlerträger.

Die Brücke über die Parnitz ist unter einem Winkel von 72° zum Stromstrich geneigt und hat eine Länge von 132 m. Sie enthält 2 Hauptöffnungen von je 36 m Weite, die mit Schwedlerträgern überspannt sind und eine Drehbrücke mit 2 Oeffnungen von je 14,3 m Weite; ausserdem ist noch eine Strassenunterführung von 8,4 m Weite vorhanden.

Hinsichtlich der Gründungen ist zu bemerken, dass 4 verschiedene Arten ausgeführt worden sind und zwar auf Pfahlrost, auf Beton, auf Brunnen und mit sog. Schwimmpfeilern. Die drei ersten Arten sind die gewöhnlichen, während die letztere zum ersten Male in Deutschland in Anwendung gekommen ist. In England war diese Methode bereits 1810 bei dem Bau des Hafens zu Sheerness ausgeführt.

Bei der Pfahlrostgründung kamen noch sog. Sandpfähle in Anwendung. Da die langen Pfähle im Moorboden Schwankungen und Verbiegungen ausgesetzt waren, so wurden um und zwischen die Rostpfähle diese Sandpfähle, mit Sand ausgefüllte Bohrlöcher, gesetzt. Es wurde mittelst eines Blechcylinders, der den Durchmesser der Rostpfähle hatte und unten mit einigen Schraubengängen, sowie mit einem Ventil versehen war, Löcher gebohrt, wobei der Moorboden aber nicht ausgehoben, sondern zur Seite gedrückt und dadurch der übrige Moorboden verdichtet wurde. Beim Herausziehen des Cylinders wurde mittelst des Ventils das Loch mit Wasser gefüllt, so dass der Moorboden nicht wieder eindringen konnte, und dann das Wasser durch Füllung mit Sand wieder verdrängt.

Das Wesentliche der Gründung mittelst Schwimmpfeilern besteht darin, dass die Pfeiler, in einem Holzkasten mit kräftigem Boden schwimmend, über Wasser hohl, d. h. aus einem gemauerten Mantel mit einzelnen, inneren Querabtheilungen bestehend, ausgeführt werden. Der Pfeilermantel bildet dann die Wandungen eines schwimmfähigen Gefässes, welches mit zunehmender Höhe tiefer sinkt, bis es sich auf einen durch Taucher dicht über der Sohle horizontal abgeschnittenen und mit Steinen verfüllten Pfahlrost setzt. Der Kasten, welcher vollkommen dicht sein muss, besteht im Boden aus 3 Lagen von Balken und Bohlen von rd. 40 cm Stärke, in den Wandungen, die rd. 1,9 m hoch sind, aus Pfosten, Kreuzstäben, Gurthölzern mit Bohlenbekleidung. Nach Herstellung eines aus Flachschichten bestehenden, gemauerten Bodens im Caisson wurden die einzelnen Abtheilungen aufgemauert; die Mantelstärke betrug zuerst 2 Stein, dann

$1^1/_2$ Stein. Der Pfeiler sank mit zunehmender Höhe und ragte höchstens 1,0 m über Wasser, da bei grösseren Höhenunterschieden das Sinken durch Aufmauern in der Sohle in den einzelnen Abtheilungen bewirkt wurde. Vor dem Aufsetzen auf den Rost wurde der Pfeiler in seiner richtigen Lage festgelegt und dann schnell durch Mauern und Einbringen von Mauermaterialien das Aufsetzen bewirkt.

Das Verfahren ist einfacher Art, nur ist zum Gelingen eine grosse Sorgfalt und Vorsicht in der Ausführung der einzelnen Theile erforderlich. Besonderes Gewicht ist auf die steife und dichte Herstellung der Caissons und auf die gute Ausführung des Mantelmauerwerks zu legen. Trotz des Druckes von 5 m Wassersäule ist bei dem $1^1/_2$ Stein starken Mantel nur wenig Wasser eingedrungen, welches mehr durch die Poren der Ziegel als durch die Fugen kam.

Die Senkung des Pfeilers der Drehbrücke in der Parnitz dauerte 12 Tage. Im Ganzen sind bei diesen Brücken 6 solche Gründungen angewandt und zwar bei 3 Strompfeilern der grossen Reglitzbrücke und bei 3 Pfeilern der Parnitzbrücke.

III.

Portland-Cementfabrik „Stern".

Bearbeitet von

A. Weydekamp.

Mit Zeichnungen auf Tafel VI von demselben.

Die Portland-Cement-Fabrik „Stern", im Jahre 1862 von den Herren:
Gust. Ad. Toepffer und
Heinrich Grawitz
gegründet, liegt an der Landstrasse von Finkenwalde nach Podejuch in der Nähe zweier Eisenbahnen und eines schiffbaren Nebenflusses der Oder, der grossen Reglitz, sodass sie zu Wasser und zu Lande in unmittelbarer Verbindung mit den Pulsadern sowohl des inländischen, wie auch des ausländischen Handels steht.

Die Produktion des „Stern" wurde ursprünglich auf 25 bis 30 000 Tonnen jährlich eingerichtet, nach und nach wurde die Anlage so erweitert, dass seit dem Jahre 1876 mehr als 200 000 Tonnen hergestellt werden können.

Für den Betrieb sind 9 Dampfmaschinen und eine Locomobile von im Ganzen 430 nominellen HP vorhanden, zu denen der nöthige Dampf in 8 Kesseln geliefert wird. Ausserdem sind eine Lokomotive und 2 Lokomobilen in Thätigkeit. Der Hauptbetrieb ist ausschliesslich die Herstellung von Portlandcement, während zur Bereitung von Tonnen, Arbeitsgeräthen u. s. w. die betreffenden Handwerke wie: Böttcherei, Stellmacherei, Tischlerei, Schmiede, Schlosserei als Nebenbetriebe bestehen.

Mit Arbeitsmaschinen werden betrieben:

1. die Böttcherei, in derselben sind thätig:
   1 Abkürze-Maschine,
   1 Stabschneide-Maschine,
   1 Bodenschneide-Maschine,
   sowie eine Anzahl Kreissägen.

2. die Schlosserei, in derselben befinden sich:
   Bohr- und Hobelmaschinen,
   Drehbänke und die zugehörigen Werkzeuge.

Rohstoffe.

Die zur Cementbereitung erforderlichen Rohstoffe werden aus dem zur Fabrik gehörenden, nur durch die Landstrasse von ihr getrennten, Kalk- und Thonlager durch Tagebau gewonnen und theils durch Lokomotivbetrieb, theils durch eine Drahtseilbahn zur Fabrik befördert. Im Schlämmereigebäude werden sodann Thon wie auch Kalk in Bottichen durch Wasser aufgelöst und aus diesen vermittelst Rinnen mit sehr geringer Neigung nach den Schlämmgruben geleitet, welche sich zum Theil auf dem Fabrikgrundstücke, zum Theil jenseits der Landstrasse befinden.

Aus den Schlämmgruben wird die Masse, welche durch die Ablagerung steif geworden ist, den im Schlämmereigebäude befindlichen Thonschneidern zugeführt, um, aus letzteren herausgepresst, in Steine, wie Mauerziegel, geschnitten zu werden. Diese geformten Steine gelangen mit Hülfe von Etagenwagen auf Schienengeleisen nach den Trockendarren.

Die für diese Trocken-Anlagen nöthige Hitze wird von 60 Cokeöfen geliefert, in welchen die zum Brennen der Cementsteine erforderliche Coke erzeugt wird. Von den Hürden und Darren kommt die nun ganz getrocknete Masse in die 25 m hohen kegelförmigen 14 Brennöfen. Ist in diesen die Masse schlackenartig hart gebrannt und versintert, so wird sie im Mühlengebäude auf Brechwerken zertrümmert und mittelst sehr schwerer französischer Mühlsteine gemahlen, sodann über feine Siebwerke geleitet. Das gewonnene feine Mehl wird auf Rüttelwerken in Fässer gepackt, schliesslich auf Schienenwegen nach den unmittelbar an dem mit der grossen Reglitz verbundenen Canal gelegenen Lagerräumen befördert, aus welchen gleichzeitig an mehreren Stellen die Verladung des Cementes unmittelbar in Fluss-Kähne und kleine Seeschiffe bewirkt werden kann.

Die Bewegung, beziehungsweise die Beförderung des rohen und gebrannten Materials, der Coke und verschiedener anderer Stoffe geschieht zum grossen Theil durch Fahrstühle mit Sicherheitsvorrichtungen.

Zum Löschen der in Kähnen an die Fabrik gelangenden Kohlen zur Cokebereitung dient ein eiserner Dampfkrahn, welcher die Kohlen in eisernen Tubben von 8 Hektoliter Inhalt aus den Kähnen hebt und den, auf einem 5 m hohen Gerüst in Schienengeleisen bereitstehenden Kippwagen übergiebt, in denen die Kohlen den verschiedenen Lagerplätzen zugeführt werden.

Die Portland-Cement-Fabrik „Stern" beschäftigt durchschnittlich 600 Arbeiter und Beamte.

Um die Gleichmässigkeit des Cementes zu sichern, sind 4 Beamte andauernd mit Analysiren der Rohstoffe und der halbfertigen Erzeugnisse beschäftigt.

Der fertige Cement jedes Brandes wird auf Zug- und Druck-Festigkeit, auf Volumen-Beständigkeit und auf Durchlässigkeit geprüft.

Die Untersuchungen sind am 29. XII. 84 eingeleitet worden, die jüngste und zuverlässigste Arbeit.

Die Ergebnisse der kgl. Prüfungs-Station für Baumaterialien in Berlin, über Portland-Cement aus der Fabrik „Stern".

Es wog im Mittel aus 3 Versuchen:

1 l Cement eingelaufen: 1,35 kg,
1 l   „   eingerüttelt: 1,94 kg,
1 l Normalsand dsgl.:   1,54 kg.

Der letztere wird dadurch gewonnen, dass man möglichst reinen Quarzsand wäscht, trocknet, durch ein Sieb von 60 Maschen für 1 qcm die gröbsten Theile ausscheidet und aus dem so erhaltenen Sande mittelst eines Siebes von 120 Maschen für 1 qcm noch die feinsten Theile entfernt.

Zur Herstellung eines Mörtels von angemessener syrupartiger Dichtigkeit beanspruchte reiner Cement 33 % Wasser, ergab etwas steifer — mit 30 % Wasser von gleicher Temperatur wie der trockene, auf die Temperatur der Luft im Laboratorium gebrachte Cement sie hatte, angemacht — eine Temperaturerhöhung von 1,8° C. und band — auf Glasplatten ausgegossen — bei einer Temperatur der Luft von durchschnittlich 17,5° C. in 6 Stunden ab.

Bei den angestellten Siebversuchen ergab der Cement im Mittel aus 3 Versuchen:

für 5000 Maschen für den qcm 26 % Rückstand,
  „   900   „   „   „   „   4,2 %   „
  „   600   „   „   „   „   0,8 %   „
  „   324   „   „   „   „   0,1 %   „

Die zu den Proben auf Volumenbeständigkeit hergestellten Kuchen, aus reinem Cement, auf Glasplatten und Dachziegeln ausgegossen, nach dem Aussenrande hin dünn verlaufend, 9 Stunden an der Luft, die übrige Zeit unter Wasser erhärtet, blieben vollkommen eben, scharfkantig, rissfrei und haftend.

Ein Treiben hat also nicht stattgefunden. Die Cementplatten zeigten im Bruch ein gleichförmig dichtes, scharfes und feinkörniges Gefüge.

Mit der Herstellung der Probekörper zu den Prüfungen auf Zug- und Druckfestigkeit wurde am 29. Dezember 1884 begonnen, hierbei wurde:

a) reiner Cement mit 17½ % Wasser,
b) die Mörtelproben 1 Gewichtstheil Cement und 3 Gewichtstheile Normalsand mit 10 % Wasser angemacht und in die auf Metallplatten gelegten Formen nach den Normen eingeschlagen.

Es betrug die Temperatur

der Luft . . . . . . 17,5° C.,
des Wassers . . . . . 14,6° C.,
Feuchtigkeit der Luft . 68 %.

Zur Herstellung der Mauerfugen für die Versuche auf Adhäsion der Mörtel (Tabelle C) wurden gute, mit der Bürste gewaschene Steine verwendet und diese nach dem Auftragen des Mörtels einer Belastung ausgesetzt, die derjenigen ungefähr entspricht, welche den Fugen bei der Herstellung in der Praxis zu Theil wird.

Die auf Druck beanspruchten Körper aus reinem Cement, sowie auch die aus 1 Gew.-Thl. Cement und 3 Gew.-Thl. Normalsand gaben ihren Zusammenhang ruhig auf und zeigten bei vollständig erhaltenen Kopf- und Grundflächen in ihren Seitenflächen symmetrisch liegende Risse, die den Charakter des Pyramidenstumpfes deutlich erkennen liessen.

Die Versuche auf Verputz in reinem Cement, 1 Gew.-Thl. und auch 2 Gew.-Thl. Normalsand auf 1 Gew. Thl. Cement, durch 15 Proben in verschiedenen Dimensionen wurden — ebenso wie Proben auf Bindekraft, Haften am Steine, so wohl an der Luft, wie auch unter Wasser — vollständig bestanden.

Bei der Prüfung auf Wasserdichtigkeit an 6 Hohlcylindern von 15 cm Durchmesser, 11 cm Höhe und 2 cm Wandstärke aus reinem Cement, sowie aus:

<pre>
      1 Gew.-Thl. Cement und 1 Gew.-Thl. ⎱ feinem Berliner
      1   „   „   „   „ 2   „   „ ⎰   Mauersand
wurden
</pre>

<pre>
    ein Cylinder aus reinem Cement . . . 7 Tage ⎫
      „   „   „ 1 Gew.-Thl. Cement und
                       1 Gew.-Thl. Sand . . 7   „
      „   „   „ 1 Gew.-Thl. Cement und   ⎬ nach
                       2 Gew.-Thl. Sand . . 7   „   dem
      „ 2. „   „ reinem Cement . . . 15   „   An-
      „ „   „   „ 1 Gew.-Thl. Cement und   machen
                       1 Gew.-Thl. Sand . . 30   „
      „ „   „   „ 1 Gew.-Thl. Cement und
                       2 Gew.-Thl. Sand . . 30   „ ⎭
</pre>

mit Wasser gefüllt.

Sämmtliche sechs Cylinder standen beim Ablauf der Versuche, also beziehungsweise 83,75 und 60 Tage nach erhaltener Füllung, vollkommen dicht.

Zur Prüfung des Wasseraufnahmebestrebens wurden für neun verschiedene Mörtelmischungen je fünf Zugproben hergestellt, in der durch die nachstehenden Tabellen A angegebenen Weise behandelt.

Das spezifische Gewicht des reinen Cementes und der verschiedenen Mörtel im festen Zustande wurde bestimmt an wassersatten Zugprobekörpern.

Die Ergebnisse enthält die Spalte 6 der nachstehenden Tabelle B.

Die Proben zu den Prüfungen auf Zugfestigkeit und Druckfestigkeit erhärteten den ersten Tag — behufs Vermeidung zu schneller Verdunstung mit Schreibpapier zugedeckt — an der Luft, die übrige Zeit unter Wasser; sie ergaben, unmittelbar nach der Entnahme aus dem Wasser geprüft, die in den nachstehenden Tabellen angegebenen Resultate, aus welchen folgende Mittelwerthe hervorgehen.

Tabelle über Zug- und Druckproben.

Alter in Tagen	Zug-Proben				Druck- (Würfel) Proben				Verhältniss.	
	Mischung: 1:0		Mischung: 1:3		Mischung: 1:0		Mischung: 1:3		Zug für Mischung	Druck für Mischung
	Sp. Gw.	Zg. F.	Sp. Gw.	Zg. F.	Sp. Gw.	Dr. F.	Sp. Gw.	Dr. F.	1:0	1:3
7	2,20	51,25	2,26	21,56	2,20	428,6	2,28	195,2	1:8,363	1: 9,504
28	2,24	54,75	2,23	24,52	2,23	465,6	2,29	242,6	1:8,50	1: 9,89
90	2,25	62,40	2,24	31,64	2,24	577,9	2,29	356,3	1:9,26	1:11,26

Tabelle A.
Prüfung auf Wasseraufnahmebestreben.
Zugprobekörper mit 5 qcm Zerreissungsquerschnitt (Mittel aus je 5 Versuchen).

	Mischungsverhältnisse			Gewicht der Probekörper nach einer Liegezeit von						
	Cement Gew. Thl.	Normal-sand Gew. Thl.	Wasser %	3 Tagen im Zimmer kg	25 St. auf heissen Eisen-platten kg	1 Stunde kg	12 Stunden kg	75 Stunden kg	125 Stunden kg	150 Stunden kg
								im Wasser		
1	1	0	$17^{1}/_{2}$	0,152	0,148	0,152	0,154	0,156	0,156	0,156
2	1	1	12	0,160	0,158	0,161	0,162	0,163	0,163	0,163
3	1	2	$10^{1}/_{2}$	0,159	0,157	0,162	0,163	0,165	0,165	0,165
4	1	3	10	0,157	0,152	0,158	0,160	0,161	0,161	0,161
5	1	4	$9^{1}/_{2}$	0,143	0,142	0,151	0,152	0,153	0,153	0,153
6	1	5	9	0,137	0,136	0,145	0,146	0,148	0,148	0,148
7	1	6	$8^{1}/_{2}$	0,131	0,130	0,140	0,141	0,143	0,143	0,143
8	1	7	$7^{1}/_{2}$	0,133	0,147	0,148	0,150	0,150	0,150	0,150
9	1	10	7	0,124	0,124	0,143	0,144	0,144	0,144	0,144

Tabelle B.
Resultate aus den Wasseraufnahmeversuchen

	Mischungs-Verhältniss in Gewichts-Theilen	Gewicht der trockenen Proben G_1	Gewicht der wasser-satten Proben G_2	Wasser-aufnahme in Procenten $\dfrac{G_1 - G_2}{G_1} 100$	Spezifisches Gewicht der erhärteten wasser-satten Mörtel
1	Reiner Cement.	0,148	0,156	5,4	2,197
2	1 Cement + 1 Normalsand . .	0,158	0,163	3,2	2,296
3	1 „ + 2 „ . .	0,157	0,165	5,1	2,324
4	1 „ + 3 „ . .	0,152	0,161	5,9	2,268

Das spezifische Gewicht des Cementpulvers in geglühtem Zustand betrug: 3,163.

Tabelle C.

Prüfung von Cement und Cementmörteln auf Adhäsionsvermögen.

Die Abmessungen der Steine waren: 24,5 . 12 6,5 cm; die Fugenfläche betrug: 12 . 12 = 144 qcm, die Beanspruchung erfolgte auf Abreissen der Fuge; das Eigengewicht der Steine betrug im Durchschnitt 3,614 kg, das spez. Gew. 1,798; der Kieselsäuregehalt 71,03 %; die Druckfestigkeit 226 kg pro qcm.

Die Fugen erhärteten an der Luft.

No.	Alter der Fuge-Tage.	Mischungsverhältniss		Zugbeanspruchung	
		Cement	Mauersand	Total kg	pro qcm kg
1	28	1	0	455,56	3,164
2	„	1	1	405,70	2,818
3	„	1	2	461,32	3,204
4	90	1	0	702,78	4,880
5	„	1	1	713,92	5,160
6	„	1	2	738,71	5,498

Meist wurden Stücke oder ganze Schichten aus dem einen Stein herausgerissen, während der Mörtel am anderen Stein haften blieb.

Auf dem Grundstück der Fabrik selbst ist Ueberfluss an Kalk und Thon von bester Beschaffenheit vorhanden, deren Analysen nebst derjenigen des aus beiden hergestellten Cementes wir nachstehend geben:

Kalk.

Kohlensaurer Kalk	87,29
Schwefelsaure Kalkerde	0,37
Kalkerde (an Kieselsäure gebunden) .	1,12
Kohlensaure Magnesia	1,38
Kieselsäure	7,43
Thonerde	0,83
Eisenoxyd	1,48
Alkalien	Spuren

Thon.

Kieselsäure	49,52
Thonerde	23,85
Eisenoxyd	7,02
Schwefelkies	3,54
Kalkerde	3,96
Kalkerde (an Kieselsäure gebunden) .	1,45
Magnesia	0,82
Alkalien	2,88
Organische Stoffe und Wasser . . .	5,14

Folgendes ist die Analyse des bei sorgfältiger und fachgemässer Verbindung dieser Rohmaterialien erzeugten Cementes:

„Stern“-Portland-Cement.

Kieselsäure . . . . · .	22,850
Thonerde	5,511
Eisenoxyd	2,760
Kalkerde . . . . ·.	64,409
Magnesia	1,235
Kali, Natron	0,923
Schwefelsaurer Kalk . . . . . · .	2,865.

Einige Urtheile über denselben:

1. Bemerkungen aus dem „XII. Kapitel des Henry Reid'schen Buches über deutschen Portland-Cement.“

„Es ist bemerkenswerth, dass die Lehre vom „garantirten Cement“ uns durch Deutschland ertheilt wird, wo man erst viel später als in England Cement fabricirte; sowohl jenes Land als auch Frankreich, und in der That ganz Europa waren vollständig angewiesen auf englische Produktion.

Thatsächlich ist in London und an anderen englischen Plätzen deutscher Cement verkauft worden, dessen vorzügliche Eigenschaften es ausser Frage stellen, dass unsere englischen Cementfabrikanten noch viel zu lernen haben,

2. Beschluss der Preisrichter der Internationalen Ausstellung Philadelphia 1876.

„Der Portland-Cement Stern“ der Aussteller

Toepffer, Grawitz & Co. in Stettin

ist von ausgezeichneter Qualität, fein gemahlen, und erzeugt einen vorzüglichen Mörtel von grosser Bindekraft, Härte und Dichtigkeit. Es ist kein Portland-Cement ausgestellt, welcher den „Stern“-Cement übertrifft. Q. A. Gillmore, Preisrichter.

Für die Kanalisation von Berlin hat „Stern“ 120 000 Tonnen geliefert.

Zusammenstellung über Ein- und Ausfuhr von Portland-Cement in Deutschland während der Jahre 1881 bis 1885.

Jahr	Einfuhr	Ausfuhr	Unterschied der Einfuhr gegenüber derjenigen des Vorjahres	Unterschied der Ausfuhr gegenüber derjenigen des Vorjahres	Ueberschuss der Ausfuhr über die Einfuhr
	Tonnen	Tonnen	Tonnen	Tonnen	Tonnen
1881	282 068	2 350 319	—	—	—
1882	251 920	2 501 748	− 30 148	+ 151 429	+ 181 577
1883	356 139	3 083 774	+ 104 219	+ 582 026	+ 477 807
1884	437 903	3 376 023	+ 81 764	+ 292 249 ·	+ 210 485
1885	405 692	3 455 694	− 32 211	+ 79 671	+ 111 882
Gesammtzunahme der Ausfuhr					981 751

Also durchschnittliche Zunahme der Ausfuhr während der letzten 4 Jahre rd.: 245 000 Tonnen.

IV.

Bauhof in Bredow bei Stettin.

Bearbeitet von

Pollatz und **Günther**.

Mit Zeichnungen auf Tafel VII von denselben.

Der Regierungs-Dampfer „Strewe" führte uns in der 6. Stunde des 10. April zu dem fiskalischen Bauhof zu Bredow, der ungefähr 3 km unterhalb Stettin auf der linken Seite der Oder liegt. Errichtet wurde derselbe im Jahre 1851 und im Jahre 1862 erheblich erweitert, sodass er nunmehr einen Flächenraum von rund 4,9 ha umfasst, von denen die beiden Hafenbassins 0,9 ha einnehmen; die Wasserfront an der Oder beträgt 195 m.

Nach seiner Vergrösserung genügt derselbe, um sämmtliche Bagger, Dampfer, Prähme und Arbeitsgeräthe der Wasserbau - Inspektion Stettin sowie die zum Lootsenwesen gehörenden Utensilien, Tonnen u. s. w. unterzubringen.

Die daselbst überwinternden Fahrzeuge sind:
    5 Bagger verschiedener Grösse mit den zugehörigen Bagger-, Kohlen- und Logis-Prähmen,
    3 Bugsirraddampfer,
    2 Bugsirschraubendampfer,
    1 Dampfer der Strompolizei,
    1 Leuchtschiff,
    4 Hebeprähme zum Heben gesunkener Fahrzeuge,
    5 Arbeitsprähme nebst 6 Booten.

An Gebäuden befinden sich auf dem Bauhofe, wie aus dem Lageplane Fig. 7 Tafel VII zu ersehen:

Büreau- und Werkstätten-Gebäude nebst Schuppen, sowie die Dienstwohnung des Ober-Maschinenmeisters, dem der Bauhof und der Baggerpark unterstellt sind. Ferner sind eine Plankendämpfe, vier Hellinge und eine Bootsaufschleppe vorhanden.

Die Reparaturwerkstätte besteht aus dem eigentlichen Werkstättengebäude mit Dreherei und Schlosserei und der Schmiede nebst einem Anbau für die Betriebsmaschine und einem Raum für die Blecharbeiten.

In der Dreherei sind aufgestellt:
    4 Drehbänke,
    2 Bohrmaschinen,
    1 Hobelmaschine,
    1 Stosswerk,
    1 Schraubenschneidemaschine,
    1 Blechscheere für Handbetrieb, sowie verschiedene kleinere Werkzeugmaschinen.

In der Schmiede befinden sich:

1 Dampfhammer mit 300 kg Fallgewicht,

1 Ventilator,

2 Doppelessen mit je 4 Schmiedefeuern.

Im Raum für Blecharbeiten sind vorhanden:

1 Lochwerk mit Scheere für Bleche bis zu 20 mm Stärke,

1 Bohrmaschine.

Als Arbeitsmaschine dient eine Dampfmaschine von 8 Pferdestärken mit einem Kessel von 17 qm Heizfläche, welcher auch den Dampf für den Hammer liefert.

Die Plankendämpfe besteht aus einem hölzernen Kasten von 90 cm Breite, 75 cm Höhe und 13,5 m Länge und einem Kesselhause mit einem Dampfkessel von rd. 7 qm Heizfläche. Die in dem Kessel erzeugten Dämpfe haben eine Spannung von 2 Atmosphären, welche sich in dem Kasten auf etwa $^1/_3$ Atmosphäre Ueberdruck verringert. Die Zeitdauer, während welcher die Planken dem Dampfe ausgesetzt werden müssen, richtet sich nach ihrer Stärke und zwar rechnet man auf je 25 mm Stärke eine Stunde Dämpfzeit. Durch das Dämpfen werden die stärksten Bohlen so geschmeidig, dass sie sich in jede beliebige Form bringen lassen.

Die vier Hellinge (Fig. 4 — 6 Tafel VII) liegen paarweise nebeneinander und sind für je 2 derselben 3 eiserne Gangspille (Robert'sche Patentwinden) vorhanden. Die Winden müssen, je nachdem sie für den einen oder den anderen Helling benutzt werden sollen, versetzt und an die zu diesem Zwecke eingegrabenen Pfähle angehängt werden. Die Länge der Hellinge beträgt 50 bis 60 m und die Steigung 1:13; das untere Ende liegt 1,40 m unter MW. Die Kosten eines Hellings einschliesslich aller Nebenarbeiten betragen 9000 Mark.

Zur Bedienung eines Gangspilles gehören 8 bis 14 Mann, und zwar sind erforderlich:

1. zum Aufschleppen eines Prahms 2 Spille mit je 8 Mann, nebst 2 Zimmerleuten zum Beaufsichtigen der Schlitten. Die Zeitdauer des Aufschleppens einschliesslich aller Vorbereitungen beträgt $^1/_2$ bis $^3/_4$ Tag,

2. zum Aufschleppen eines Raddampfschiffes (26,7 m lang, 5,02 m breit, 2,80 m tief) 3 Spille mit anfangs 8, später 14 Mann nebst 6 Zimmerleuten zur Beaufsichtigung der Schlitten u. s. w. Dauer des Aufschleppens einschliesslich aller Nebenarbeiten 1 Tag.

Früher wurden auch die beiden grossen Dampfbagger unter Besetzung von 5 Spillen aufgeschleppt, neuerdings jedoch werden sie mit wesentlicher Ersparniss in dem Schwimmdock des benachbarten „Vulcan" gedockt.

Eine der Hauptaufgaben zur guten Erhaltung der eisernen Schiffsgefässe besteht in dem rechtzeitigen Reinigen und Anstreichen der Aussenhaut. Deshalb werden hier in einem Wechsel von 2 bis $2^1/_2$ Jahr sämmtliche eisernen Fahrzeuge, deren Zahl etwa 60 beträgt, aufgeschleppt, ihre Aussenhaut von den anhaftenden Algen und Schnecken gereinigt, sämmtliche Roststellen sorgfältig entfernt, sodann gefirnisst und mit neuem Schutzanstrich versehen. Ferner sind die hölzernen Verdecke auszubessern und abzudichten, die Klappen der Baggerprähme wiederherzustellen und die Scheuerleisten zu ersetzen. Auch die Ausbesserung und Herstellung von abgenutzten Maschinentheilen wird soweit angängig auf dem Bauhofe ausgeführt.

Da fast alle diese Arbeiten in die Winterzeit fallen, so kann auch ein Theil der Arbeiter weiter beschäftigt werden, namentlich aber ist für die Beschäftigung des Maschinenpersonals der Bagger und Dampfer gesorgt, welche, zum grossen Theil Schlosser und Schmiede, mit Vortheil zu verwenden sind. Es werden im Ganzen während der Hauptarbeitszeit von Mitte November bis Mitte März etwa 100 Mann beschäftigt.

Von den verschiedenen Baggern waren während der Besuchszeit noch im Hafen und konnten in Augenschein genommen werden die Dampfbagger: „Herkules" und „Greif". Ersterer hat einen eigenen von der Maschine getriebenen Propeller in Gestalt zweier Schrauben, welche 1,2 m Durchmesser haben, ihm eine Geschwindigkeit von 4 Knoten verschaffen, dabei dem grossen und unbeholfenen Fahrzeuge eine bedeutende Beweglichkeit gewähren und ihm, wie wir bei seiner Abfahrt beobachteten, selbst ein scharfes Wenden gestatten. Der „Herkules" ist ein Bagger mit 2 seitlichen Schüttrinnen. Seine Leistungsfähigkeit beträgt 150 cbm in der Stunde. Der Dampfbagger „Greif" ist insofern bemerkenswerth, als sämmtliche Kraftübertragungen, mit Ausnahme eines einzigen Kammradantriebes, durch Riemen vermittelt werden. Es hat dies den Vortheil, dass, wenn der Bagger beim Arbeiten auf einen Stein, Baumstamm oder ein sonstiges Hinderniss stösst, die Riemen auf den Scheiben gleiten und somit die sonst leicht eintretenden Brüche in den Zahnradgetrieben vermieden werden. Zu einem Bagger von der Grösse des „Greif" mit etwa 1200 cbm täglicher Förderung gehören 12 Moderprähme mit je 45 cbm Fassungsraum, 2 Kohlenprähme von je 60 tons Tragfähigkeit und 11 Boote.

Hebevorrichtung für gesunkene Fahrzeuge.

Ferner erregten noch besonderes Interesse 4 Hebeprähme, Fig. 1 bis 3 Tafel VII, welche hauptsächlich zum Heben gesunkener Haffkähne bestimmt sind. Dieselben sind 20 m lang, 5,5 m breit von Aussenhaut zu Aussenhaut und vom Boden bis zum Schandeck 2,4 m hoch. Die erhöhten Borde reichen 0,65 m hoch über Deck. Diese Hebeprähme tragen paarweise 8 Stück Windebäume von 50 bis 60 cm mittlerem Durchmesser, welche 2,27 m von Mitte zu Mitte entfernt liegen. Die lichte Entfernung zwischen den Prähmen beträgt 6,0 m, sodass mit denselben Fahrzeuge bis zu 50 m Länge und 5,75 m Breite gehoben werden können. (Die Haffkähne, von denen bis jetzt über 100 gehoben worden sind, haben eine Länge von rd. 45 m und eine Breite von rd. 5,0 m bei einer Tragfähigkeit bis zu 3500 Ctn.).

Der Vorgang beim Heben ist folgender:

Zunächst wird die Lage des zu hebenden Fahrzeugs durch Auspeilen genau ermittelt und es werden die Prähme Heck an Heck langseits festgelegt. Dann wird eine dünne Kette unter den Bug oder die Kaffe gebracht und durch Hin- und Herziehen in sägender Bewegung unter dem Schiffsboden entlang durchgearbeitet. Mit dieser werden die starken Windeketten durchgezogen und an den Bäumen festgelegt. Nachdem so an jedem eine Kette umgeschlungen ist, werden die Windebäume unter Anwendung von Hebebäumen, welche in die Taschen der auf den ersteren befestigten schmiedeeisernen achteckigen Ringe gesteckt werden, mittelst Flaschenzügen (Taljen) gedreht, wie dieses Fig. 3 auf Tafel VII veranschaulicht. An jedem Windebaum greifen 4 Taljen an und an jeder Talje ziehen 2 bis 3 Mann, denen noch 1 Mann zum Stoppen des Läufers (a), welcher um einen anderen Windebaum festgelegt wird, beigegeben ist.

Die Anholung der Windebäume erfolgt gruppenweise und zwar wird zuerst Gruppe 1 um etwa $^3/_4$ m aufgeholt, dann Gruppe II, dann Gruppe I nachgeholt um ungefähr $^1/_4$ m, dann III aufgeholt, II und I nachgeholt, IV aufgeholt, III, II, I nachgeholt u. s. w. bis zur letzten Gruppe, dann rückwärts derselbe Vorgang.

Das Nachholen ist nothwendig damit alle Ketten gleichmässig beansprucht werden.

Da bei leichten Fahrzeugen 3, bei schweren 4 Windbäume besetzt werden, so sind an Arbeitskräften erforderlich:

Bei leichten Hebungen

$$3 \cdot 4 \cdot 3 = 36 \text{ Mann,}$$

bei schweren Hebungen

$$4 \cdot 4 \cdot 4 = 64 \text{ Mann.}$$

Die Dauer der Hebung beträgt, nachdem die Ketten unter das zu hebende Fahrzeug gebracht sind, je nach der Wassertiefe, 2 — 5 Stunden.

Die Neubaukosten eines Prahms betragen ausschliesslich der Bäume 18 600 Mark.

V.

Schiffs- und Maschinen-Bauanstalt „Vulcan".

Bearbeitet von

Latowsky.

Mit Zeichnungen auf Tafel VIII von demselben.

Nach Besichtigung des fiskalischen Bauhofs in Bredow war die zweite Hälfte des Vormittags für den Besuch der Werfte und Werkstätten des „Vulcan" bestimmt.

Eine kleine Dampfbarkasse führte die Reisegesellschaft in wenigen Minuten hin zu diesem in Bezug auf technische Vollkommenheit und Grossartigkeit der Anlage zweifellos hervorragendsten Studienobjekte der Reise.

Nach erfolgter Begrüssung seitens der Herren Direktoren Haack und Stahl wurde zunächst die Panzerdeckkorvette Tsi-Yuen, das dritte der für die chinesische Marine hier erbauten Panzerschiffe, bestiegen, welches jetzt, obwohl vollständig ausgerüstet und kampfbereit, wegen der französisch-chinesischen Streitigkeiten zu nutzloser Ruhe gezwungen — ein gefesselter Löwe — am Bohlwerk lag.

Das in allen Theilen aus Stahl gebaute Schiff, welches eine Länge von 72 m (in der Wasserlinie gemessen), eine Breite von 10,5 m und vollständig ausgerüstet bei einem Deplacement von 2355 t einen Tiefgang von 4,8 m hat, ist mit zwei 21 cm-Geschützen im Panzerthurm und einem 15 cm-Geschütz auf dem hinteren Theil des Oberdecks, ausserdem aber noch mit vier Torpedovorrichtungen armirt.

Ueber die letzteren, die augenscheinlich besonderes Interesse erregten, mögen hier einige Einzelheiten folgen.

Die Torpedos, Fischtorpedos oder auch nach dem Erfinder Whithead-Torpedos genannt, cigarrenförmige Sprenggeschosse aus Stahlblech, aussen glänzend polirt, von 4566 mm Länge und 355 mm mittlerem Durchmesser, werden durch die Lancirvorrichtungen, Luftdruck-Kanonen mit 4 Atmosphären Ueberdruck, in der Richtung des anzugreifenden Schiffes hinausgetrieben. Die Torpedokanone im Vordersteven liegt fest in der Schiffsaxe und unter Wasser, während die drei anderen im hinteren Theil des Zwischendecks zum Zwecke des Richtens, das vom Deck aus bewirkt wird, drehbar und über Wasser gelagert sind. Der Torpedo trägt an seinem vorderen Ende die bei dem Anprall explodirende Zündvorrichtung für die Sprengladung, am hinteren zwei Schrauben, welche, durch komprimirte Luft von 70 bis 80 Atmosphären Spannung getrieben, ihn mit etwa 20 Knoten Geschwindigkeit im Wasser fortbewegen, sowie ein lothrechtes und ein wagerechtes Ruder, letzteres zur Regulirung des Tiefgangs. Ferner sind Einrichtungen vorhanden, welche ein Untersinken des Torpedos nach bestimmter Zeit bewirken, damit er, falls er sein Ziel verfehlt, nicht befreundete Schiffe in Gefahr bringt. Auch lassen sich die Torpedos so einstellen, dass sie nach Beendigung ihres Laufes wieder an die Oberfläche emporsteigen und aufgefischt werden können.

Ueber die innere Einrichtung dieser furchtbaren Waffe des modernen Seekriegs wird bekanntlich seitens der Fabrikanten — für die deutsche Marine wie für das in Rede stehende chinesische Schiff Schwarzkopff in Berlin — das sorgfältigste Schweigen bewahrt.

Soviel über die Waffen des Tsi-Yuen, nun zu seiner Rüstung.

Die Maschinen-, Kessel- und Munitionsräume sind geschützt durch ein ziemlich stark gewölbtes Panzerdeck, welches an den Schiffsseiten 1,45 m, in der Mitte nur 0,45 m unter der Wasserlinie liegt. Die Stärke desselben beträgt 75 mm.

Hier mag gleich bemerkt werden, dass der Raum zwischen dem Panzerdeck und dem Zwischendeck durch Längs- und Querschotten in eine Anzahl wasserdichter Abtheilungen getheilt ist, deren äussere im mittleren Theil des Schiffes mit Kork gefüllt sind, während die anderen zur Aufnahme von Kohlen, Proviant, Ketten u. s. w. dienen.

Die Luftschächte, welche vom Oberdeck aus durch das Panzerdeck hindurch zu den Maschinen- und Kesselräumen führen, sind in einer Höhe von 0,9 m über der Wasserlinie mit einer 250 mm starken Panzerung bekleidet.

Dieselbe Stärke hat auch die Panzerung des Geschützthurmes.

Zu der Panzerung sind Compoundplatten verwandt, die aus zusammen-geschweissten Eisen- und Stahlplatten bestehen, und von dem Dillinger Hüttenwerke geliefert sind.

Das Schiff besitzt zwei Heizräume mit je drei Lokomotivkesseln ($5\frac{1}{2}$ Atm.) und zwei liegende zweizylindrige Compoundmaschinen von zusammen 2800 indicirten Pferdekräften, welche zwei dreiflügelige Schrauben treiben und eine Fahrgeschwindigkeit von 16 Knoten bewirken.

Für die Ueberfahrt nach China hat die Korvette einige Takelage erhalten, sonst besitzt sie nur einen Signalmast, welcher eine mit kugelfester Brüstung versehene Plattform, das sogenannte „Krähennest" trägt, und zur Aufstellung von Hotchkiss- (Revolver-) Geschützen eingerichtet ist.

Die Zahl der Offiziere und Mannschaften beträgt zusammen 180, die Wohnräume derselben befinden sich im Zwischendeck.

Als interessant ist noch zu erwähnen, dass die Beleuchtung der Schiffs-räume durch elektrische Glühlampen geschieht, von denen über 80 Stück vorhanden sind.

So mit allen Errungenschaften der heutigen Technik ausgerüstet, bot das nagelneue, prächtige Kriegsschiff ein fertiges, übersichtliches Bild der mannigfachen Thätigkeit des umfangreichen Werkes dar, dessen einzelne Arbeitsstellen und Werkstätten sogleich besichtigt werden sollten.

Da zog zunächst das Eisengerippe eines für den Postdienst zwischen Warnemünde und Dänemark bestimmten Raddampfers, der hier auf Stapel stand, die Aufmerksamkeit auf sich, mehr noch aber der schlanke, durch seine gefällige Form das Auge erfreuende Bau eines Torpedobootes, das sich zufällig auf einem der Hellinge zur Ausbesserung befand. Der leichte Bau in Verbindung mit der kräftigen Maschine, welche der Schraube eine Geschwindigkeit von 360—400 Umdrehungen in der Minute verleiht, macht die schnelle Fahrt dieser Boote erklärlich.

Zwei Torpedos schussbereit an der Spitze, andere noch zur Reserve in dem etwas beschränkten Innenraum, das niedrige glatte Deck von den Wellen überspült, so jagen die flinken Angreifer, über 20 Knoten laufend, also mit einer Geschwindigkeit von mehr als 10 m in der Sekunde gegen den Feind.

Eine Anzahl dieser Boote hat der „Vulcan" sowohl für die russische, wie für die chinesische Kriegsmarine gebaut. Für die deutsche Marine sind hauptsächlich grössere Schiffe aus der Werft der Gesellschaft hervor-gegangen, so die Panzerfregatte „Preussen", die gedeckten Korvetten „Leipzig," „Prinz Adalbert," „Stosch" und „Stein", die Panzerkorvetten „Sachsen" und „Württemberg", die Glattdeckskorvetten „Carola" und „Olga". Das Panzerschiff „Oldenburg", welches zur Zeit unseres Besuches schon vom Stapel gelaufen war und seiner Vollendung entgegenging, findet noch später Erwähnung; zunächst mögen die Bemerkungen Platz finden, die sich an unsern Rundgang durch die inneren Werkstätten-Anlagen anknüpfen.

Die Fabrik, die eine Fläche von 50 Morgen oder rund 13 ha umfasst, beschäftigt rd. 3100 Arbeiter; nebenbei bemerkt, betrug die höchste Anzahl derselben — im Jahre 1882 — 3785.

Ausser den Schiffen, die im Vulcan in jeder Art und Grösse bis zu 7500 t Deplacement gebaut sind, erzeugen die einzelnen Abtheilungen des Werkes auch Lokomotiven, Schiffsmaschinen bis zu 5500 indicirten Pferdekräften, stehende Dampfmaschinen in den grössten Abmessungen, Dampfkessel, stehende sowohl wie Schiffskessel, bis zu 50 t Gewicht, Mühlen- und Fabrik-Einrichtungen, eiserne Schwimmdocks, von denen eins bei der Werft im Gebrauch, Dampfbagger u. s. w. Die Anordnung der für diese verschiedenen Fabrikationen erforderlichen Baulichkeiten giebt der beigefügte Plan, Tafel VIII, der eins ohne weiteres erkennen lässt, nämlich dass eben diese Baulichkeiten nach einander je nach Bedürfniss entstanden sind, eine Erscheinung, die sich bei den meisten grösseren Etablissements wiederholt, für welche auch jederzeit die Veränderung bzw. die Möglichkeit als eine Nothwendigkeit betrachtet werden muss. Thatsächlich vergrössert sich auch der „Vulcan“ zur Zeit wieder ganz bedeutend, und sind noch mehrere neue Werkstätten im Bau begriffen. Und doch sind die alten Anlagen schon so bedeutend, dass sie Alles in Allem einen Werth von über 10 Millionen Mark haben. Zum Theil sind auch sie erst in den allerletzten Jahren entstanden, so z. B. die von uns zunächst besuchte neue Montage, ein stattliches Bauwerk mit mächtigem Thorbogen, durch dessen Errichtung die alte Schiffsmaschinen-Montage um zwei Drittel ihrer Grundfläche vergrössert worden ist. An den so hergestellten langgestreckten Raum, in welchem zwei Laufkrähne von 35 t Tragfähigkeit zur Montirung gebraucht werden, schliesst sich unmittelbar seitlich die gleichfalls neue Dreherei an, in der nicht weniger als 405 Fraisen in Thätigkeit sind. Die hieran angrenzende Lokomotiv-Montage, aus der schon 900 Lokomotiven hervorgegangen sind, ist älteren Datums, sie stammt aus der Zeit, als die im Jahre 1851 von der Firma Früchtenicht und Brock gegründete Fabrik in die Hände einer Aktiengesellschaft überging, deren Leiter sie in richtiger Erkenntniss des Zeitbedürfnisses für den Lokomotivbau erweiterten. Jetzt, wo bekanntlich dieser Industriezweig überall darniederliegt, wird im „Vulcan“ der grössere Werth auf den Schiffbau gelegt. Uebereinstimmend hiermit war die Erscheinung, dass die für die Ausstellung in Antwerpen bestimmten Modelle, deren zierliche und saubere Ausführung wir bei ihrer Anfertigung zu bewundern Gelegenheit hatten, nur Schiffe darstellten.

Die Ausdehnung des Betriebes in dem grossen Werke kennzeichnet die Bemerkung, dass an Betriebskraft 28 verschiedene Dampfmaschinen von zusammen 600 Pferdekräften mit 27 Dampfkesseln vorhanden sind, zu denen noch eine Lokomotive für den Transportdienst zwischen den einzelnen Theilen der Fabrik, die sämmtlich durch Schienenstränge verbunden sind, und ein Trajektdampfer zur Verbindung mit der Bahn hinzutreten.

Die Dampfhämmer haben ein Gesammtgewicht von 9 000 kg, der kleinste wiegt 250 kg, der grösste 2 500 kg.

Es ist interessant zu erfahren, dass sowohl die Kesselbleche als auch die Panzerplatten mittelst hydraulischer Pressen gebogen werden, die für den letzteren Zweck ein Gebrauchsgewicht von 1 500 t haben, jedoch einen Maximaldruck von 3 500 t ausüben können, sodass man im Stande ist

40 cm starke Platten kalt zu biegen. Die zur Panzerung jetzt gebräuchlichen Compound-Platten (13 cm Eisen, 7 cm Stahl) werden warm gebogen.

Ist schon die Bearbeitung dieser schweren Stücke eine Sehenswürdigkeit, so gilt dies in erhöhtem Maasse von der Anbringung derselben am Schiff, welche Arbeit gerade an dem bereits oben erwähnten Panzerschiff „Oldenburg" ausgeführt wurde.

Es ist dabei bemerkenswerth, dass die Schraubenbolzen nur in dem eisernen Theile der Compound-Platten sitzen, in den sie 7 cm tief eingreifen. Zum Heben und Anlegen der Panzerplatten dienen zwei mächtige schwimmende Krahne von 45 und 30 t Tragfähigkeit.

Bezüglich der Grösse der „Oldenburg" mag noch kurz erwähnt werden, dass das Schiff eine Länge von 75 m, eine Breite von 18 m und einen Tiefgang von 6 m hat.

Mit seiner Besichtigung schloss der Besuch, den wir dem „Vulcan" abstatteten, ab. Der mächtige Eindruck, den das Werk, so gross, so gediegen, solch ein Stolz deutscher Industrie, schon auf den Laien ausübt, er potenzirt sich naturgemäss bei jedem, dem technisches Verständniss und technisches Interesse das Auge geschärft haben, und manchem von uns wäre wohl der Abschied zu früh gekommen, wenn nicht die Natur ihr Recht geltend gemacht und gebieterisch auf die Magenfrage hingewiesen hätte, die auf der Strewe ihre Lösung fand.

———

VI.

Stettiner Haff und Kaiserfahrt.

Bearbeitet von

Offermann.

———

Auf der Weiterfahrt nach Swinemünde dampften wir bei dem Leuchtschiff „Schwantewitz", welches Ziegenort gegenüber liegt, vorüber und statteten dem vor der Mündung der Kaiserfahrt und auch den Namen „Kaiserfahrt" führenden Leuchtschiffe einen Besuch ab, indem wir uns durch Boote übersetzen liessen. Hier trafen wir mit dem Hafenbauinspektor Herrn Baurath Richrath, Herrn Wasserbauinspektor Hermann und dem Lotsenkommandeur Herrn Müller zusammen, die uns von Swinemünde mit einem Dampfer entgegengekommen waren und uns nunmehr in liebenswürdiger Weise das Geleite gaben.

Die Besatzung des Leuchtschiffes setzt sich zusammen aus einem Schiffsführer, einem Matrosen und einem Schiffsjungen. Die Leucht-Das Leuchtschiff
„Kaiserfahrt".

vorrichtung ist an einem Maste angebracht und besteht aus 4 Toplaternen, von denen je 2 auf jeder Seite des Mastes in einem Zwischenraum von 3 m übereinander hängen. In 100 Brennstunden werden pro Lampe 2,10 kg Petroleum verbrannt.

Die Kaiserfahrt. Bei der Einfahrt in die Haffmolen der Kaiserfahrt hielt Herr Bau-Inspektor Hermann einen Vortrag über diesen Durchstich, der zum Theil in den nachfolgenden Bemerkungen wiedergegeben ist. (Vergl. Herr, „der Oderstrom mit seinen Ausflüssen in die Ostsee" Ztschr. f. Bwsn. 1864 S. 367 und Hdb. d. Ing. W. 3. Th. S. 124.)

Bis zum Anfang dieses Jahrhunderts konnten von Swinemünde nach Stettin nur Schiffe von höchstens 3,5 m Tiefgang gelangen.

Mit Hülfe von Baggerungen, die namentlich in dem oberen Laufe der Swine und bei den Lebbiner Bergen ausgeführt werden mussten, gelang es in der Mitte dieses Jahrhunderts durchweg eine Wassertiefe von 5 m herzustellen. Diese Tiefe, die nur durch andauernde Baggerungen erhalten werden konnte, genügte für den Verkehr nicht. Die Anträge der Stettiner Kaufmannschaft auf Schaffung einer grösseren Tiefe wurden immer dringender. Da diese durch Baggerungen allein nicht zu erreichen war, so konnte Abhülfe nur dadurch geschaffen werden, dass man einen Durchstich durch die Insel Usedom herstellte.

Im Jahre 1874 wurde die Genehmigung zum Bau dieses Durchstiches ertheilt und mit der Ausführung begonnen. Am 20. August 1880 wurde derselbe dem Verkehr eröffnet und ihm der Name „die Kaiserfahrt" beigelegt.

Der eigentliche Durchstich, welcher sich etwa 6 km oberhalb Swinemünde auf dem linken Ufer von der Swine abzweigt, hat bis zu dem Haffufer eine Länge von 5 km. Da der Woitziger Haken, der vor der Einmündung des Durchstiches in das Haff liegt, nur eine geringe Wassertiefe hat, so musste durch denselben noch eine ungefähr 2,5 km lange Rinne gebaggert werden, um die erforderliche Tiefe von 6 m im Haff zu erreichen. Um diese Rinne der Versandung zu entziehen ist dieselbe zu beiden Seiten mit 2 km langen Molen eingefasst. Der Durchstich hat eine Tiefe von 5,7 m und eine Sohlbreite von 75 m (Fig. 4 Tafel XVIII). Mit Rücksicht auf etwaige Verbreiterung, die durch die Strömung veranlasst werden könnte, ist an jeder Seite des Durchstiches ein Schutzstreifen von genügender Breite erworben und der auf demselben stehende Wald abgeholzt und ausgerodet.

Die Haffmolen sind 200 m von einander entfernt, ziehen sich aber an der Mündung auf 150 m Breite zusammen. Die Molen bestehen aus 2 Reihen Pfählen, die mit Faschinen ausgepackt sind, worüber eine Schicht grosser Steine gelegt ist. Die Krone liegt etwa 1 m über dem Wasserspiegel, bis zu welcher Höhe etwa das Holz noch erhalten bleibt.

Auf der einen Seite sind die Pfähle, die etwa 0,5 m von Mitte zu Mitte auseinanderstehen, durch einen in Höhe des Mittelwassers liegenden Brustriegel verbunden. Auf der äusseren Seite ist der ausgebaggerte Boden angeschüttet, um einen Strand zu bilden, der mit Rohr und Schilf bepflanzt wird.

Bei Dorf Kaseburg ist eine Fähre eingerichtet, auf welcher die Fussgänger und Wagen auf Kosten des Fiskus unentgeltlich über den Durchstich gesetzt werden.

Der Schiffahrtsweg von Stettin nach Swinemünde ist durch die Kaiserfahrt um 9 km abgekürzt worden. Die Stromgeschwindigkeit beträgt in dem Durchstich im Allgemeinen höchstens 1 m. Nur ausnahmsweise ist eine grössere Geschwindigkeit beobachtet worden. Je nach dem Wasserstande in der See und im Haff ist die Strömung eine eingehende oder eine ausgehende.

Seit Eröffnung der Kaiserfahrt sind in der Swine oberhalb der Abzweigung des neuen Durchstiches bereits derartige Verlandungen eingetreten, dass hier nur noch Schiffe von 3,5 m Tiefgang verkehren können.

An den bemerkenswerthen Punkten der Kaiserfahrt begaben wir uns an Land. So besichtigten wir einen arbeitenden Pumpenbagger von Brodnitz und Seidel (Berlin) dessen Kreiselwelle 360, dessen Maschinenwelle 80 Umdrehungen in der Minute machten. Das Ausflussrohr war über Prähme gelegt und brachte das Baggergut an das Ufer, während der Bagger nebst den Prähmen sich parallel zum Ufer fortbewegte. (Vergl. L. Hagen, Sammlung ausgeführter Dampfbagger und Dampfschiffe.)

Auch die oben genannte Fähre bei Kaseburg wurde besichtigt. Die Bewegung der Fähre geschieht an einem quer durch die Kaiserfahrt gelegten Seile mittelst auf der Fähre stehender Winden.

Wir hatten dort auch Gelegenheit einen der selbstaufzeichnenden Pegel kennen zu lernen, die an der Kaiserfahrt aufgestellt sind.

Auf dem linken Ufer war eine Wartehalle im Bau begriffen, die zum Schutze der auf die Fähre wartenden Passanten errichtet wird. Das Warten bei schlechtem Wetter war als Nachtheil gegen den früheren Zustand vor dem Vorhandensein der Kaiserfahrt geltend gemacht worden.

Dem lehrreichen und anstrengenden Tage folgte nach unserer Ankunft in Swinemünde ein gemeinschaftliches Abendessen und später ein geselliges Zusammensein, dessen sich die Reisegenossen wohl als des Glanzpunktes der Geselligkeit auf jener Reise stets erinnern werden. Dazu hat der köstliche Humor der liebenswürdigen Swinemünder Herren nicht am wenigsten beigetragen.

VII.

Swinemünder Hafen-Anlagen.

Bearbeitet von

Loeffelholz.

Mit Zeichnungen auf den Tafeln IX bis XII von demselben.

———

Das Tagewerk des 11. April begann mit einem Gange den Kai entlang zum Hafenbauamt.

An dem Ufer vor der Stadt hatte sich bereits ein lebhafter Verkehr entwickelt: Landleute, Fischer, die ihre Waaren zu Markte brachten, Städter, die ihre Einkäufe besorgten.

Der Kai.
Hierzu Taf. IX
Fig. 1.

Der direkte überseeische Verkehr ist in Swinemünde für gewöhnlich nur gering. Die grossen Schiffe löschen hier hauptsächlich nur im Winter, wenn das Haff zugefroren ist. Die Waaren müssen dann von Swinemünde aus auf der Eisenbahn nach Stettin weiter befördert werden.

Vor der Stadt sowohl wie auch eine lange Strecke stromabwärts ist das Ufer durch ein Bohlwerk begrenzt, an welchem die Schiffe anlegen und löschen können. Dieses Bohlwerk stammt zum Theil aus älterer Zeit. Im Laufe der Jahre ist es allmählich bis auf die heutige Ausdehnung verlängert worden.

Am Kai entlang läuft ein Geleis, welches ein unmittelbares Ueberladen von den Schiffen auf die Eisenbahnfahrzeuge ermöglicht. Dasselbe wurde vor ungefähr 10 Jahren, als die Zweigbahn von Ducherow nach Swinemünde gebaut wurde, hergestellt.

Im Jahre 1881 wurde in Folge des steigenden Verkehrs der Hafenbahnhof auf der Joachimsfläche angelegt. Auf letzterer wurde ein Zungenkai angeschüttet, mit Bohlwerken eingefasst und zu beiden Seiten desselben die erforderliche Fahrtiefe ausgebaggert. Der Kai erhielt die nothwendigen Ladegeleise und auch einen Güterschuppen.

Zur Zeit war es ziemlich still auf dem Kai unterhalb der Stadt. Ausser mehreren Schleppdampfern bemerkte man an demselben kein grösseres Fahrzeug, wohl aber eine lange Reihe von Nachen und Booten aller Art.

Im Hafenbauamt begrüssten wir die Herren Baurath Richrath und Bauinspektor Hermann, welche in zuvorkommendster Weise für die Auslegung von Plänen und Bauzeichnungen Sorge getragen hatten. Herr Hermann hatte die Liebenswürdigkeit uns dieselben zu erläutern.

Hierauf wurde unter Führung der genannten Herren ein Rundgang zur eingehenden Besichtigung der einzelnen Theile des Hafens angetreten.

Es mag indessen, ehe hierüber berichtet wird, das Wissenswertheste über die Swinemünder Hafenanlage im Allgemeinen, soweit es in den Rahmen eines Reiseberichtes hineinpasst, im Zusammenhange gegeben werden. Dabei sei auf die später angeführten Quellen hingewiesen, im Besonderen auf die in G. Hagen, Handbuch der Wasserbaukunst Th. III

Bd. 2 gegebene zusammenhängende Beschreibung wie auch auf die zahlreichen in Bd. 2 und 4 eingestreuten, den Swinemünder Hafen betreffenden Bemerkungen.

Der Ursprung und die Entwickelung des Hafens an der Swinemündung stehen in so innigem Zusammenhange mit der politischen Entwickelung Pommerns während der letzten Jahrhunderte, dass es wohl angebracht sein mag an die Hauptpunkte aus letzterer zu erinnern.

Nachdem seit 1637 ein grosser Theil von Pommern einschliesslich der drei Odermündungen widerrechtlich in den Händen der Schweden sich befunden hatte, gelang es endlich Friedrich Wilhelm I. im Frieden zu Stockholm im Jahre 1720, wenn auch nicht sein gutes Recht auf ganz Pommern zur Geltung zu bringen, so doch einen Theil des von den Schweden Geraubten zurück zu erhalten: Vorpommern bis zur Peene, Stettin, Usedom, Wollin, das Haff, die Dievenow und die Swine.

Neuvorpommern, das Land links der Peene, blieb weiter schwedisch bis 1815, in welchem Jahre es ebenfalls an Preussen kam.

Diese beiden für die Geschicke Pommerns so wichtigen Jahre 1720 und 1815 sind auch für das Entstehen und den weiteren Ausbau des Swinemünder Hafens die entscheidenden.

Bis zum Jahre 1720 wurde von den 3 Ausflüssen der Oder: Peene, Swine, Dievenow, hauptsächlich die Peene zum Betriebe der Schiffahrt für den Oderhandel benutzt. Seitdem indess die Peene Grenzstrom zwischen Preussen und Schweden geworden war, wurde Stettins Handel durch schwedische Zölle stark belästigt. In Folge dessen ertheilte Friedrich Wilhelm I. den Auftrag sich zu informiren: „ob es gar unmöglich sey, die Fahrt von Stettin nach der See durch die Swine gehen zu lassen, und was sich dabei für Bedenklichkeiten und Difficultäten befinden.“ Wenn nun auch nach diesem königlichen Auftrage noch fast 20 Jahre verstrichen, ehe grössere Arbeiten in Angriff genommen wurden, so war doch thatsächlich mit demselben im Jahre 1720 der erste Anstoss zum Swinemünder Hafenbau gegeben.

1815 wiederum, als durch die Vereinigung Neuvorpommerns mit Preussen die Peene aufgehört hatte Grenzstrom zu sein, wurde man vor die umgekehrte Frage gestellt, ob es nicht vortheilhafter sei die Schiffahrt wieder durch die Peene zu leiten. Nach Erwägung aller Gründe für und wider die Swine entschied man sich damals mit vollem Recht (Hagen III, 4. S. 403) dafür, die Swine auch fernerhin als Hauptarm zu behandeln.

Nach mancherlei Vorschlägen und Versuchen in den voraufgegangenen Jahren — 1730 z. B. versuchte man durch Aufwühlen des Grundes mit Harken eine Vertiefung des Fahrwassers zu erreichen — kam es endlich im Jahre 1739 unter der Leitung des Deichinspektors, nachmaligen Kriegs- und Domänenrathes Brandes zu grösseren Ausführungen.

Das Fahrwasser war damals etwa 2 m tief. Durch Ufereinfassungen, welche aus mehreren ungefähr 2,5 m von einander entfernten Reihen von Pfählen bestanden, die in jeder Reihe 1,25 m von Mitte zu Mitte eingerammt und mit Faschinen ausgepackt, demnächst mit Sand beschwert waren, wurde der wild ausfliessende Strom in bestimmte Grenzen eingeengt und dadurch nach und nach im Jahre 1776, mit Hülfe von Baggerungen mit Keschern ein Fahrwasser von ungefähr 3 m Tiefe geschaffen.

Der Bau hatte viele Unterbrechungen erfahren, eine der längsten durch den siebenjährigen Krieg, während dessen die Schweden das Fahrwasser durch 7 versenkte Schiffe beinahe unzugänglich gemacht hatten und ein Theil der Werke sogar durch die Russen verbrannt worden war.

In diesen ersten Zeitraum fällt auch — dieses sei beiläufig bemerkt — die Gründung des Ortes Swinemünde zwischen dem Dorfe Westswine und dem Strande. 1765 erhielt Swinemünde Stadtrecht.

Als im Jahre 1785 ein starker Sturm die damals etwas vernachlässigten Werke sehr beschädigt hatte, beschloss man von diesem sogenannten „Kistenbau" — Faschinenbau mit Rammpfählen wird er an anderer Stelle genannt — abzugehen und den „Packwerksbau" — Faschinenpackwerk ohne Pfähle — einzuführen. Allein eine weitere Fortführung der künstlichen Ufer scheiterte aus Mangel an Mitteln, und man begnügte sich die alten Werke in Stand zu setzen.

Im Jahre 1804 hatte sich das Fahrwasser so sehr verflacht, dass selbst Leichterschiffe nicht mehr voll befrachtet werden konnten. Dadurch wurde von Neuem eine Verbesserung der Mündung angeregt. Ehe jedoch die von der eingesetzten Commission als zunächst erforderlich erklärte Neuaufnahme des Hafens bewirkt werden konnte, brachen die kriegerischen Ereignisse des Jahres 1806 herein.

c. Der Bau der Molen 1818—1823.

Erst im Jahre 1816 wurde, nachdem man für die Beibehaltung der Swine als Hauptstrom sich entschieden hatte, die Frage des Weiterbaues wieder aufgenommen. Die beiden nächsten Jahre vergingen unter den Vorbereitungen für den Bau. In den Jahren 1818—23 sodann wurden unter Leitung des Geheimen Ober-Baurathes Günther die beiden gewaltigen Hafendämme erbaut, durch welche man den Strom auf 320 bis 360 m Breite einengte. Günther, welcher in Holland den Bau mit Sinkstücken kennen gelernt hatte, wandte, und zwar hauptsächlich wegen der Möglichkeit schneller Ausführung, diese Bauart hier an, zum ersten Male in Preussen. (Diese Ausführung war in der Folge lange Jahre hindurch das Muster für weitere derartige Bauten in anderen preussischen Häfen, bis 1864 G. Hagen bei dem Baue des Hafens von Stolpmünde an die Stelle der Sinkstücke Steinschüttung zwischen zwei Pfahlreihen setzte.) Die Sinkstücke, aus welchen die Hafendämme hergestellt wurden, erreichten bei einer Höhe von 1,25 m eine Länge bis zu 25 m und eine Breite bis zu 17 m. Die einzelnen Sinkstücklagen wurden mit Steinen und Kies beschwert. Ueber Wasser wurde eine Abpflasterung des ganzen Werkes ausgeführt. Die Kronenbreite betrug 11,3 m, die Höhe der Krone über M. W. 1,9 m. Die Böschungen waren flach angelegt und zwar 2—3 füssig, an der Aussenseite der Ostmole jedoch 3—4 füssig, an den Köpfen 5 bezgl. 8 füssig.

Hierzu Taf. IX Fig. 1.

Um eine zu grosse Annäherung der Schiffe an die flache Steinböschung der Molen zu verhüten, um andererseits den Schiffen wie auch den ausgesetzten Booten das Anlegen zu ermöglichen, wurden auf der Innenseite der Molen in Entfernungen von 190 m Landungsbrücken angelegt. An der Seite des Fahrwassers rammte man starke Pfähle ein, hinter welchen der Körper der Brücke aus Faschinen und Steinschüttung hergestellt wurde; die Krone wurde mit einem Pflaster versehen, welches sich an das der Molenkrone anschloss.

Die gesammte Länge der Ostmole beträgt in der Krone gemessen 1375 m, die der Westmole 1023 m.

Die Wirkungen dieses Baues waren überraschende. Die Tiefe ist durch denselben von 3 m auf 7 m gebracht worden. Schon 1823 war eine Tiefe von 6 m auf 135—150 m Breite vorhanden. Diese grossen Erfolge schrieb Günther zum Theil dem Umstande zu, dass der ganze Bau ohne Unterbrechung in der kurzen Zeit von 5 Jahren zur Ausführung kam.

Um die aufwärts von Swinemünde in der Fahrrinne nach Stettin vorhandenen Untiefen zu beseitigen, war 1804 ein Handbagger und 1818 der erste Dampfbagger beschafft worden.

Nachdem 1823 die eigentliche Korrektion der Swinemündung beendigt war, wurden die Ufereinfassungen des Swinestromes hergestellt und zwar 1830—33 die Bohlwerke längs der Stadt Swinemünde und die Einfassung des rechten Ufers bis zum Ostnothhafen. Zur Erweiterung des Winterhafens begann man 1826 die „grüne Fläche“ durch ein Bohlwerk zu begrenzen. Bis zum Jahre 1855 war die Gesammteinfassung vollendet und dadurch ein Terrain von 20 ha zur Ablagerung von Baggererde, zu Schiffsbaustellen, Kohlenlagerplätzen und anderen gewerblichen Zwecken gewonnen. Auf dem Kopfe der Ostmole errichtete man 1828—29 eine Leuchtbake aus Eisen auf massivem Sockel, die noch jetzt besteht, aber nicht mehr in Betrieb ist. Ferner erbaute man an der Wurzel der westlichen Mole 1830—31 eine Lotsenwarte. Diese ist inzwischen durch einen Neubau ersetzt.

Ueber die weiteren Verbesserungen des Hafens, den 1859 vollendeten Leuchtthurm, die Verlängerung der Ostmole 1866—75, die Errichtung von Baken u. s. w. wird an anderem Orte ausführlich berichtet werden.

Die Entfernung der beiden Molen von einander beträgt 330 m, während die Fahrrinne von 7 m Tiefe nur wenig über ein Drittel dieser Breite hat.

Die Ursache, dass man bei der Anlage der ersten Ufereinfassungen eine so grosse Breite wählte und die sehr ausgedehnte „Joachimsfläche“ mit umschloss, und dass man bei den späteren Bauten diese Breite nur wenig verminderte, war die Besorgniss, es möchte durch eine zu grosse Verengung der Mündung der Abfluss des Wassers behindert werden.

Die von Günther ausgeführte flache Krümmung der Hafendämme, welche nach der Curve des Stromstrichs oberhalb, bei seinem Uebergange vom linken zum rechten Ufer bestimmt wurde, hat sich ausgezeichnet bewährt; die ausgehende Strömung zieht sich unmittelbar an der Ostmole entlang und erhält hier eine bedeutende Tiefe. Diese Strömung ist eine besonders starke, wenn das Stettiner Haff unter der Wirkung der auflandigen Winde sich gefüllt hat und sich, nach Umsetzen der Winde, wieder in die Ostsee entleert.

Der einzige, von Günther nicht übersehene, Nachtheil der vorhandenen Molenkrümmung besteht darin, dass, wenn später eine Verlängerung der Molen erforderlich werden sollte, diese nicht in derselben Richtung erfolgen darf — wodurch die Mündung nach dem Ufer gerichtet würde —

sondern eine neue Serpentine, deren Mündung nach NNO ausgeht, angelegt werden muss.

Das zum grossen Theil durch die Hafenbauten veranlasste allmähliche Vorrücken des Strandes zu beiden Seiten der Swinemündung ist aus den in dem Lageplane verzeichneten Strandlinien von 1739 und 1816 zu erkennen.

Schon während des Baues der beiden Molen bildete sich neben dem Fahrwasser, in der Verlängerung der Joachimsfläche, vor dem Kopfe der Westmole eine langgestreckte Sandbank. Sie nahm eine Zeit lang bedenklich zu; seit nahezu 30 Jahren jedoch befindet sie sich in einem gewissen Beharrungszustande, sodass zur Zeit eine Gefahr für die Hafenmündung von dieser Seite nicht besteht.

Das Material zu dieser Sandbank, wie auch zu der Joachimsfläche und den Sandablagerungen an den Molenwurzeln lieferte in der Hauptsache die Ostsee selbst, wie sie auch noch jetzt die Unterhaltung dieser Sände selbst besorgt.

Die Odersinkstoffe werden von dem Haff aufgenommen, kommen also hierbei nicht in Betracht.

Die Swine greift allerdings ihr sandiges Bett und die Ufer an, indessen sind, bei ihrer geringen Länge, die von ihr mitgeführten Sinkstoffe nur unbedeutend.

Ihre hauptsächliche Nahrung erhalten die Sände durch die Meeresströmung, welche bei den in dieser Gegend herrschenden West- und Nordwestwinden sich am Strande in östlicher Richtung hinzieht und beträchtliche Sandmengen mit sich führt. Diese Küstenströmung wird sehr scharf von der Westmole aufgefangen und parallel zu der Mole nach dem Meere hin abgelenkt. Dabei verliert die Strömung an Geschwindigkeit und lässt einen Theil des Sandes fallen.

Um die von der Küstenströmung mitgeführten Sandmengen zu verringern, hat man auf eine Festlegung der westlich gelegenen sandigen Ufer Bedacht genommen.

In unmittelbarer Nähe des Hafens darf der Sand, damit das oben erwähnte Vorrücken des Strandes nicht noch künstlich gefördert wird, nicht festgelegt werden.

Der Theil des Hafens, dem wir auf unserem Rundgange zunächst unsere Aufmerksamkeit zuwandten, war der Bauhof.

Da bereits über einen andern Bauhof ausführlich berichtet worden ist, so mag über den Swinemünder hier nur weniges bemerkt werden.

Wer nicht gerade an der See thätig war, wird kaum einen richtigen Begriff von der Grösse der Anlage und dem Umfange des Betriebes eines Bauhofes wie des Swinemünder haben.

Der Bauhof umfasst eine Fläche von 3,74 ha, wovon 1,22 ha auf den Bauhafen entfallen. Die Zahl, Art und Anordnung der einzelnen Baulichlichkeiten ist aus dem Lageplan Tafel IX Fig. 9 zu ersehen.

Um von dem Betriebe eine ungefähre Vorstellung zu ermöglichen, werden vielleicht einige Angaben über die maschinellen Einrichtungen in der Werkstätte, wie auch über die vorhandenen Baumaschinen und Fahrzeuge am Platze sein.

Als Betriebsmaschine in der Werkstätte dient eine Lokomobile von 10 HP.

Von dieser werden betrieben: ein Dampfhammer von 5 Ctr., mehrere Drehbänke, Bohrmaschinen, eine Hobelmaschine, Schraubenschneidemaschine, Kreissäge, Bandsäge, Durchstossmaschine mit Scheere, Blechbiegemaschine, Farbenreibmaschine, Nuthstossmaschine, ein Ventilator für 8 Schmiedefeuer u. s. w. Neben alltäglichen Dingen, wie Ambossen, Feldschmieden, Schraubstöcken, einer Vorrichtung zum Giessen von kleineren Metalltheilen fehlt es auch nicht an Steamkasten zum Plankendämpfen, Cylindern aus Eisenblech, deren zwei von je 9 m und 6 m Länge, 0,5 m und 0,75 m Durchmesser vorhanden sind.

Des Weiteren wären unter den zum Bauhofe gehörenden Baumaschinen und Geräthen, wie Dampfwinden, Hebeladen, Patentspills, Centrifugalpumpen, Feuerspritzen, Taucherapparaten, besonders zu erwähnen:

3 Dampframmen und zwar: eine 4pferdige von Menk & Hambrook mit Kette ohne Ende, Bärgewicht 14 Ctr.; zwei Kessler'sche, eine 10pferdige und eine 5pferdige, mit geschlossenem Rammtau und liegendem Cylinder, Bärgewicht 23 bez. 14 Ctr., Hubhöhe 2 m.

6 Dampfbagger:

„Maassen" . . . . 30 HP., 6,6 m Baggertiefe, 2 Leitern;
„Swinemünde" . . 24 „ 8,0 „ „ 1 „
Kreiselbagger No. 1 10 „ 4,5 „ „ 150 mm Rohrdurchmesser;
„ No. 2 30 „ 7,0 „ „ 260 „ „
Dampfbagger No. 3 5 „ 4,7 „ „ 1 Leiter;
„ No. 4 4 „ 4,7 „ „ 1 „

Von Fahrzeugen sind anzuführen:

4 Dampfer: ein hölzerner „von Motz" . . 40 HP,
drei eiserne: „Merkur" . . . 50 „
„Swante". . . . 16 „
„Dunzig". . . . 10 „

das hölzerne Leuchtschiff „Kaiserfahrt",

an Lotsenfahrzeugen:

der Dampflotsenschooner „Delphin" 35 HP und 5 Lotsenjollen;

ganz zu schweigen von der grossen Zahl der zu den Dampfern, Baggern, Rammen gehörenden Prähme und Boote, die eine Flotte von weit über hundert Fahrzeugen verschiedenster Grösse bilden.

Von der 1876 ausgeführten Hebung des Kohlendampfers „Lady Catharine" sind zudem noch eine Anzahl grösserer und kleinerer Hebeprähme wie auch mehrere hydraulische Pressen vorhanden.

Hebung der „Lady Catharine".

Näheres über jene sehr interessante Schiffshebung findet man in der Zeitschrift des Vereins Deutscher Ingenieure 1878 S. 433 von Herrn Regierungs- und Baurath Dresel, welchem persönlich die Hebung übertragen worden war, veröffentlicht.

Nur kurz sei hier bemerkt, dass die „Lady Catharine", welche eben aus See eingekommen war und im Begriffe stand vor Anker zu gehen, von dem nach See ausgehenden englischen Schraubenschiffe „Milo" angerannt und in den Grund gefahren wurde. Das Schiff lag mitten im Fahrwasser an einer für die Schifffahrt unentbehrlichen Stelle. Seine gänzliche Forträumung war also im Interesse des Verkehrs dringend geboten.

Verschiedene Anerbieten ausländischer Unternehmer, welche das Schiff unter Wasser sprengen, dann die einzelnen Wrackstücke heben oder in grössere Tiefen versenken und so das Fahrwasser bis auf 7,5 m Tiefe frei machen wollten, wurden von der Bauverwaltung abgelehnt. Dieselbe entschloss sich vielmehr, nach reiflicher Erwägung, die von den Unternehmern für unmöglich erklärte Hebung des ganzen Schiffes selbst zu versuchen.

Infolge des vortrefflichen, zu Grunde gelegten Planes, der äusserst sorgfältigen Vorbereitungen und der Umsicht bei der Ausführung selbst gelang dieser Versuch vollständig.

Dem technischen Erfolge entsprach der finanzielle: Die Gesammtkosten der Hebung betrugen 165 000 Mk., während der Verkauf der geborgenen Kohlen und der Hebewerkzeuge 50 000 Mk. einbrachte und der Verkaufswerth des Schiffes, in dem Zustande nach der Hebung, auf mindestens 184 000 Mk. abgeschätzt wurde.

Die Einfahrt in den Bauhafen ist durch eine Drehbrücke überbrückt.

Die allgemeine Anordnung der Haupt- und Zwischenträger, des Windverbands sowie der Auflager dieser nach Schwedler'schem System erbauten Brücke ist aus Tafel XIX Fig. 2 ersichtlich. Dieselbe Figur zeigt auch, dass die Brücke gegen seitliches Schwanken zwei Laufräder F (R = 400) und zur Begrenzung der vertikalen Bewegung beim Ausschwenken der Brücke zwei Stützräder E (R = 400) besitzt. Während die Lager ersterer sich gegen Federn stützen, sind die der Rollen F durch Schrauben in richtiger Höhe gehalten, so dass sie nach Erforderniss gehoben oder gesenkt werden können. Der Abstand dieser Räder von dem Drehzapfen ergiebt sich aus obengenannter Figur. Der Abstand der Auflager vom Drehzapfen sowie von einander ergiebt sich aus Fig. 3, welche ausserdem die Momentenkurven und die Materialienvertheilung wiedergiebt. Die Tafel XIX Fig. 4 stellt den Drehzapfen dar.

Die beigeschriebenen Höhenzahlen zeigen, dass das höchste Hochwasser das Lager des Zapfens überschreitet; das mittlere Hochwasser erreicht die Unterkante der Brücke nicht.

Was die angewandten Eisenstärken anbetrifft, so ist im Hauptträger die Blechwand 10 mm stark, die Winkeleisen sind 105 . 105 . 13. Die Lamellen haben eine Breite von 220 mm, eine Stärke von 13, 13 und 10 mm. Die Nieten sind 25 mm stark.

Eine Aussteifung der Träger hat noch an jedem Querträger durch ein Winkeleisen 65 . 65 . 10 stattgefunden. Der Stoss der Winkeleisen eines Gurtes fällt nicht an dieselbe Stelle der Träger. Die Deckung ist durch Deckwinkel erfolgt. Die Querträger sind 400 mm hoch. Die Blechwand ist 8 mm stark, der obere Gurt hat Winkeleisen 65 . 65 . 10, der untere 75 . 75 . 10. Absteifungen sind angebracht unter jeder Schiene durch ein

Die Drehbrücke.*)
Hierzu Taf. XIX.
Fig. 2—4.

----

*) Die Drehbrücke. Bearbeitet von Roth.

Winkeleisen 65.65.10. Seitlich ist der Blechträger durch zwei Blechblättchen gegen den Ober- und Untergurt abgesteift. Die Nietstärke beträgt 20 mm. Die Schienen sind durch zwei Klemmschrauben vermittelst Unterlagsplatte direkt auf dem Querträger befestigt.

Die Querträger, an welchen die Drehzapfenträger befestigt sind, haben eine Blechhöhe von 790 mm, eine Blechstärke von 10 mm und Winkeleisen 98.98..13.

Am Kai lag schon der „Blitz" bereit, um uns hinaus in See und nach kurzer Seefahrt zurück in den Hafen, zur Ostmole zu bringen. In der Nähe der Winkbake wurde gestoppt. Vermittelst eines Bootes, welches von dem daselbst liegenden Lotsenschooner uns entgegengesandt wurde, gelangten wir auf die Ostmole.

Bei heftigem Seegange, zumal bei NO-Wind, wurden die Steine, aus welchen die flache äussere Böschung der Ostmole besteht, in grossen Massen von den Wellen in Bewegung gesetzt und dadurch arge Zerstörungen an der Mole angerichtet. Während ein Theil der Steine um den Molenkopf herum nach der Hafenseite geworfen wurde, sodass in der Mündung ein vortretendes Riff sich bildete, wanderten andere die äussere Böschung entlang vom Kopfe nach der Wurzel und wurde ein dritter Theil von den Wellen, welche über die Krone fortrollten, auf die Krone und über sie hinüber in den Hafen geschleudert. Ein Begehen der Mole war dann natürlich unmöglich, sodass der Wärter der Leuchtbake auf dem Molenkopfe oft mehrere Tage lang vom Lande abgeschnitten war.

Verbesserungen an der Ostmole: Verlängerung, Brustmauer, Betonblöcke.

Zur Beseitigung dieser Uebelstände wurde in den Jahren 1866—75 die Ostmole um 66 m verlängert, auf der Seeseite derselben eine Brustmauer aufgeführt und die seeseitige Böschung mit schweren Betonblöcken von ungefähr 4,5 cbm Inhalt überdeckt sowie auch das Pflaster in allen seinen Fugen sorgfältig mit Cement vergossen und verstrichen.

Die Verlängerung der Ostmole geschah in der Weise, dass man als Einfassung an den Seiten und am Kopfe eine ziemlich dicht schliessende, 1 : ¼ geneigte, Pfahlwand rammte, den dadurch gebildeten Hohlraum mit Steinen ausfüllte und nach Anbringung einer sehr sorgfältig ausgeführten eisernen Verankerung, deren Einzelheiten aus der Tafel X Fig. 2—4 hervorgehen, über M. W. das ganze Werk übermauerte. Die Breite desselben misst in der Wasserlinie mit Einschluss der Pfähle 12,5 m.

Hierzu Taf. X. Fig. 2—4. Taf. XI. Fig. 1.

Seit der Ausführung dieser am Kopfe und an den Seiten steil geböschten Verlängerung ist es den Wellen nicht mehr möglich, die Steine wie früher die Böschung hinauf und um den Molenkopf herum in die Hafenmündung zu wälzen.

Die Brustmauer, deren Anordnung aus Taf. X Fig. 3 u. Taf. XI Fig. 1 ersichtlich ist, erhebt sich auf dem alten Molentheile 2,9 m, auf dem neuen Molentheile jedoch 3,5 über M. W. Die Wellen laufen nun nicht mehr über die Krone fort, sondern steigen lothrecht vor der Brustmauer bis zu bedeutender Höhe empor und stürzen dann mit gebrochener Kraft auf die Mole herab. Sie sind nun nicht mehr im Stande, die Steine wie vordem von der Seeseite über die Krone hinweg auf die Hafenseite der Mole zu rollen.

Durch die Belastung der seeseitigen Böschung mit den gewaltigen Betonquadern hat man ausserdem in diesem Theile der Mole eine gewisse Ruhe erreicht und dem Wandern der Steine ein Ende gemacht, während die sorgfältige Fugendichtung der über Wasser liegenden Flächen das Eindringen der Wellen und das Herausreissen einzelner Steine verhindern soll.

Nach Anlage der Brustmauer wich der Strand an der Molenwurzel dermassen zurück, dass man hier, um ein weiteres Zurückweichen zu verhüten, einen Flügeldamm erbauen musste.

Die neue Leuchtbake.
Hierzu Taf. XI
Fig. 1. u. 2.

Infolge der Verlängerung der Ostmole war es dann weiter erforderlich den vorgeschobenen Molenkopf ähnlich zu bezeichnen wie den alten Kopf.

Da die alte 1828—1829 erbaute Leuchtbake nicht mehr so beschaffen war, dass ein Versetzen derselben lohnend erschien, und auch das Feuer während der Bauzeit nicht entbehrt werden konnte, wurde 1877 eine neue Leuchtbake ganz aus Eisen hergestellt.

Während die alte Leuchtbake einen massiven, kompakten Unterbau besitzt, wählte man für die neue Leuchtbake in Rücksicht darauf, dass der untere Theil dem Stosse der bei hohem Seegange überschlagenden Wellen ausgesetzt ist, einen durchbrochenen, möglichst wenig Angriffsfläche bietenden Unterbau. Die Laterne nebst Wärterstube wird demgemäss von 8 eisernen geneigten Stützen getragen, welche im Achteck um einen schlanken, die Treppe bergenden Blechcylinder gestellt sind. Die feste Verbindung der 8 Eckrippen untereinander und mit dem Oberbau wird erreicht durch wagerechte Kränze aus ⊏ und ⌞ Eisen, wagerechte, strahlenartig angeordnete ⊤, ⊏ und ⌞ Eisen in 4 verschiedenen Höhen und ausserdem durch gekreuzte ⊤ Eisen in den Pyramidenflächen.

Die Wände der Wärter- und der Materialienstube bestehen aus einer äusseren Blechhaut, welche an wagerechten Ringen aus ⌞ Eisen befestigt ist, und einer inneren mit Rohrputz versehenen Holzverkleidung. Der Zwischenraum zwischen beiden Umhüllungen ist mit Schlackenwolle ausgefüllt.

Hierzu Taf. XI
Fig. 3.

Der Leuchtapparat ist ein Fresnel'scher Linsenapparat V. Ordnung. Das Feuer, 1877 angezündet, ist ein rothes, festes, im ganzen Umkreise leuchtendes. Seine Höhe über M. W. beträgt 13 m, seine Sichtweite $10^2/_3$ Seemeilen bei klarer Luft.

Die Gesammthöhe der Leuchtbake über der Mole misst 14,25 m. Die Bake hat einen rothen Anstrich erhalten. Bei Nebel wird mit einer an derselben angebrachten Glocke geläutet.

Manch plötzliches Sturzbad kam, während wir im Schutze der Brüstungsmauer dem Molenkopfe zuwanderten, auf uns herab. Unter uns sauste und zischte es aus einzelnen kleinen Oeffnungen; hin und wieder auch sprudelte ein Wasserstrahl zu unsern Füssen empor. Indem nämlich die Wellen in die Hohlräume der Steinschüttung heftig hineinschlagen, üben sie auf die dieselben erfüllenden Luft- und Wassermengen einen starken Druck aus, sodass letztere durch jede kleine etwa sich findende Oeffnung unter Zischen das Freie suchen; fliesst nun bei dem nächsten auf den Wellenberg folgenden Wellenthale das Wasser aus den Hohlräumen wieder ab, so entsteht in denselben eine Luftverdünnung, welche einen kräftigen „Sog" in jenen Oeffnungen hervorruft.

So gross ist bisweilen der Druck des eindringenden Wassers, dass schon die schweren Roste über den Schächten, welche die Spannschlösser der Verankerung enthalten, und in welche die Wellen durch die für die Ankerstäbe ausgesparten Stollen hineinlaufen, aus ihren Lagern heraus auf das Pflaster geschleudert worden sind.

Immer wieder wurde der Blick gefesselt durch jenes Schauspiel, welches, so oft es sich auch wiederholen mag, niemals seine Anziehungskraft auf den Beschauer verliert — den beständigen Kampf der Wellen mit der steinernen Riesin Mole. Jene in rastloser Bewegung: jetzt mit gewaltiger Masse gegen die Mole anstürmend, jetzt in wuchtigem Anprall die Brustwehr treffend, nun in Atome zerstäubt, hoch in die Lüfte geschleudert, dann machtlos auf die Krone herabfallend, darauf wieder zu neuem Angriffe sich sammelnd, zuweilen in dumpfem Groll ihr Ungestüm zähmend, doch immer von Neuem andringend, so lange Wind und Sturm es gebieten, treu gehorsam jedem ihrer Winke; — diese in eiserner, ewiger Ruhe, ihrer Festigkeit und Sicherheit sich wohl bewusst, alle Angriffe geduldig abwartend und ohne Mühe zurückweisend, der vergeblichen Anstrengungen spottend.

Wir traten den Rückweg an.

Vorüber an der Winkbake gelangten wir zum Molenanfang, welcher durch ein eingesenktes Kanonenrohr bezeichnet ist, und von da weiter, das Festungswerk No. 2 zur Linken lassend, zum Leuchtthurme.

Der Leuchtthurm liegt in südöstlicher Richtung 1 Seemeile von dem Molenfeuer entfernt.

Der Leuchtthurm.
Hierzu Taf. XII
Fig. 3.

Das Leuchtfeuergebäude ist ein Thurm von 69 m Höhe. Derselbe hat die Form eines Achtecks, welches bis zu einer Höhe von 22,8 m einen Durchmesser von 8 m hat. In dieser Höhe ist eine Gallerie angebracht. Darüber nimmt das Achteck einen geringeren Durchmesser von 7,2 m an und verjüngt sich allmählich bis auf 5,6 m. Als Abschluss dient ein kräftiges, weit ausladendes Krönungsgesims, auf welchem eine zweite Gallerie mit einem Gitter sich befindet. Dann folgt eine ringförmige Mauer, welche die Laterne trägt. Letztere hat einen Durchmesser von 4,5 m und ist durch eine runde Kuppel abgeschlossen.

Das Feuer, in einer Höhe von 62,9 m über M. W., ist ein weisses, festes. Der Leuchtapparat, ein Fresnel'scher Linsenapparat I. Ordnung, besteht aus geschliffenen dioptrischen Ringen zu 6 cylindrischen Linsenschirmen und aus geschliffenen katadioptrischen Ringen zu 6 Untertheilen und 6 Kuppelstücken. Die Flamme wird durch 5 konzentrische, kreisförmige Dochte erzeugt. Als Erleuchtungsmaterial dient raffinirtes Petroleum, von welchem für die Stunde 0,6 kg, für das Jahr 2634 kg verbraucht werden. Die Sichtweite des Feuers beträgt, auf eine Augenhöhe von 4,5 m bezogen, 24 Seemeilen.

Neben dem Thurme befinden sich zwei 11 m hohe Seitengebäude in Ziegelrohbau von gelbrother Farbe, welche die Wohnungen für die Bedienungsmannschaft, einen Oberwärter und zwei Leuchtthurmwärter, enthalten.

Das Feuer ist 1859 angezündet.

Während wir in dem Wärterraume unter der Laterne uns befanden, beobachteten wir an einem Lothe, welches in einem Glascylinder aufgehängt war, dass der Thurm, wenn auch nicht bedeutend, so doch deutlich wahrnehmbar schwankte. (Zur Zeit wehte ein NNO von der Windstärke 5 nach der Beaufort'schen Skala; die von dem Anemometer an diesem Tage verzeichnete mittlere Geschwindigkeit beträgt 9 m in der Sekunde.) Es erinnert diese Beobachtung an dem Lothe lebhaft an eine, auf diesen Thurm sich beziehende von Hagen III, 4. S. 442 erwähnte Thatsache: „In der Wärterstube . . . . stellte man anfangs eine gewöhnliche Pendeluhr auf. Beim nächsten Sturme schwangen aber die Gewichte so stark, dass die Schnüre, an welchen sie hingen, sich um das Pendel schlangen."

Bei dem kalten Winde draussen war es nicht zu verwundern, dass die Temperatur auch in der Laterne eine niedrige war. Merklich wärmer war es in der darunter liegenden Wärterstube, deren Wände innen mit Holz verkleidet sind. Um auch bei strenger Winterkälte den Aufenthalt in diesem Raume erträglich zu machen, ist derselbe mit einem Ofen versehen.

Eine prächtige Fernsicht nach allen Richtungen hin überraschte uns, als wir aus der Laterne heraus auf den Umgang traten.

Südlich eine stille, friedliche Landschaft, weite zum Theil bewaldete Strecken von Usedom und Wollin; in der Nähe in breitem Spiegel erglänzend, im Hintergrunde aus dunkelem Nadelwalde hervorblitzend der Swinestrom; an seinen Ufern Swinemünde, Westswine, Ostswine . . . . .; in West und Ost der Strand mit der tosenden Brandung; an demselben die Badeorte Heringsdorf, Ahlbeck, das König-Wilhelms-Bad, Misdroy; zu unseren Füssen der Osternothhafen und das Dörfchen daran, die Wälle des Ostforts, davor gelagert die von den Fluthen umtobte Ostmole und weiter nach Norden das allmählich in der Ferne sich verlierende Wogen und Wallen der grünlich schimmernden Ostsee.

Schon dieser Umschau halber wird, auch wer kein Interesse an der Bauart der Leuchtthürme, den Linsen der Leuchtfeuer hat, den Aufstieg auf den mehreren hundert Stufen der Wendeltreppe sich nicht verdriessen lassen. Nicht ganz mühelos ist er; sprach- und gedankenlos, noch mit einer gewissen Drehkraft behaftet, kommt man, zuletzt nur noch mechanisch, gleichsam auf den Windungen einer Schraube sich hinaufdrehend, oben an.

Der Osternothhafen.   Südlich von dem Leuchtthurme befindet sich der Osternothhafen, einer der ältesten Theile des Swinemünder Hafens, bereits 1743 angelegt. Er diente ebenso wie früher der Westernothhafen, an dessen Stelle sich jetzt der Lotsenboothafen befindet, zum Unterbringen der Schiffe während des Eisganges. Auch jetzt noch wird er von kleineren Fahrzeugen aufgesucht, während die grösseren vor der Stadt volle Sicherheit finden.

Auf unserem weiteren Wege, am Ufer entlang, vorüber am Festungswerk No. 1, kamen wir zum Ballastplatze.

Die Ballasterei.   Da in Swinemünde vorzugsweise Güter eingeführt werden und die Ausfuhr dem gegenüber nur gering ist, müssen bei weitem die meisten Schiffe Ballast einnehmen. Zu dem Zwecke hat man von den in der Nähe befindlichen Dünenhügeln auf dem rechten Ufer der Swine schmalspurige Transportgeleise nach dem Strome geführt und zwar in der Art, dass die

Wagen den Sand unmittelbar in den Schiffsraum ausschütten. Sehr erschwerend auf den Ballastverkehr wirken die Rayongesetze, da infolge derselben sogar in Friedenszeiten keine Karre Ballast auch nur vorübergehend am Ufer gelagert werden darf.

In der Nähe der Ballasterei wurden wir auf einen Schuppen aufmerksam gemacht, in welchem ein Desinfektionsapparat untergebracht war.

Bei der Ankunft eines pestverdächtigen Schiffes in einem Hafen „sind die Kleidungsstücke und Effekten der Bemannung und aller Passagiere zunächst einer strengen Desinfektion zu unterwerfen." *Der Desinfektions-
Apparat.
Hierzu Taf. XII
Fig. 1.*

Hierbei kommt es nun darauf an, den Ansteckungsstoff, die Cholera- u. s. w. Bacillen, sicher zu zerstören ohne die Träger desselben, die Kleider, Wäsche, Betten, Möbel unbrauchbar zu machen.

Bei der Wahl des Desinfektionsverfahrens ist ausserdem zu berücksichtigen, dass seine Ausführung ohne nachtheilige Folgen für die Gesundheit des Bedienungspersonals möglich sein muss.

Nach den Untersuchungen des Reichsgesundheits-Amtes hat sich unter den in Betracht kommenden Mitteln als sicherster Bacillentödter strömender Wasserdampf von mindestens 100 ° C. bewährt.

Den mit der Anwendung von Wasserdämpfen verbundenen Uebelstand, dass die Desinfektionsgegenstände vollständig durchnässt und hierdurch theilweise unbrauchbar gemacht werden, sucht man dadurch abzustellen, dass man vorher und gleichzeitig mit den Wasserdämpfen trockene Hitze, welche durch ein besonderes Rippenrohrsystem erzeugt wird, auf die Gegenstände einwirken lässt und mit dieser Doppelwirkung eine kräftige Lüftung des Apparates verbindet.

Das Ein- und Ausbringen der Gegenstände geschieht vermittelst eines eisernen Korbes, welcher ausserhalb des Apparates gefüllt und entleert werden kann. Auf diese Weise wird es erreicht, dass das bei der Desinfektion thätige Personal nicht in der Hitze und dem Dunste des Apparates zu arbeiten gezwungen ist.

Nach diesen Gesichtspunkten ist der in Swinemünde befindliche Apparat von O. Schimmel & Co. in Chemnitz gebaut.

Der Haupttheil, ein cylindrischer Kessel von 1 m Durchmesser und 1,5 m Höhe, ist ringsum eingemauert und oben durch einen, mit Sägespänen ausgefüllten Doppeldeckel geschlossen, welcher vermittelst eines Differentialflaschenzuges abgehoben werden kann. An dem Deckel hängt der zur Aufnahme der zu desinficirenden Gegenstände bestimmte eiserne Korb K. Am Boden des Kessels liegt das Rippenrohrsystem R und über diesem das Rohr für die direkte Dampfeinströmung d_1. Unten, nahe am Boden, hat der Kessel einen mit stellbarer Klappe verschliessbaren Rohransatz U für den Luftzutritt und grade gegenüberliegend oben das Luftabzugsrohr mit der Drosselklappe V, welches in den Schornstein S führt. Das sich im Kessel niederschlagende Wasser kann durch das am Boden befindliche Rohr mit dem Hahn a_4 abgelassen werden, während das Condensationswasser aus den Rippenheizkörpern durch den Condensationstopf C in den Wasserbehälter W fliesst.

Der erforderliche Dampf wird von einem besonderen Dampfentwickler geliefert, da auf dieser Seite der Swine ein anderer Dampfkessel, der den

Apparat hätte mitspeisen können, nicht vorhanden war. Der Dampf muss während des ganzen Desinfektionsverfahrens auf 3 — 4 Atmosphären Spannung erhalten werden.

Bei dem Gebrauche des Apparates werden die den Deckel haltenden Schrauben gelöst und zurückgeschlagen; der Deckel mit dem Korbe wird in die Höhe gezogen und das zu desinficirende Material in den Korb eingebracht. Darauf wird derselbe herabgelassen und der Deckel wieder festgeschraubt.

Es wird sodann zunächst das Dampfzuführungsventil A, darauf a_1 geöffnet und dann ebenso U und V. Der durch d dem Rippenheizkörper zugeführte Dampf wärmt nun den Apparat vor, der während dessen beständig gelüftet wird. Sobald ein entsprechend angebrachtes Thermometer eine Innentemperatur von 70—75° C. anzeigt, wird U vollständig, V bis zu einem Drittel geschlossen und a_2 geöffnet.

Die nunmehr beginnende Dampfeinströmung lässt man auf die Desinfektionsgegenstände — je nach der Art der letzteren — 1-2 Stunden einwirken. Darauf schliesst man a_2 und öffnet die Lüftungsöffnungen wieder ganz. Nach einer Lüftung von $^1/_2$-1 Stunde, während welcher das Rippenrohrsystem ununterbrochen weiter geheizt und die vollständige Austrocknung der im Apparate befindlichen Gegenstände bewirkt wird, ist das Desinfektionsverfahren beendet. Der Deckel wird geöffnet, mit dem Korbe herausgehoben, letzterer entleert, und der ganze Vorgang kann von Neuem beginnen.

Der Steinkohlenverbrauch für den Dampfentwickler während dreier Stunden beträgt ungefähr 25 kg.

Der Dockhafen.

Stromaufwärts von der Ballasterei wird die Uferlinie unterbrochen durch den hier eingebauten Dockhafen.

Derselbe wird zur Zeit nicht benutzt, da das Schwimmdock, für welches er 1866—1869 angelegt wurde, seitens der Marineverwaltung wieder nach Kiel zurückgebracht worden ist.

Wir bestiegen nunmehr wieder unser Schiff, um, vorüber an dem Fährhause, bis zur Südspitze der grünen Fläche zu dampfen, in den Winterhafen einzubiegen und zu der Anlegestelle vor der Stadt zu gelangen.

Die „Grüne Fläche".

Bei dieser Umfahrt um die „grüne Fläche" hatten wir Gelegenheit, die Verwendung derselben, sowie der angrenzenden Wasserflächen kennen zu lernen.

Während der östliche Arm der Swine, der tiefe Hauptstrom, das gewöhnliche Fahrwasser der Schiffe ist, dient der weniger tiefe westliche Arm als Winterhafen. Durch die vorliegende Insel, die „grüne Fläche" genannt, wird derselbe gegen das treibende Eis geschützt. Auf dem westlichen Ufer der Insel, ebenso wie auf dem gegenüberliegenden Ufer oberhalb der Stadt befinden sich die Werften mit Hellingen und Kielbänken. Auch ein Spierenkrahn zum Einsetzen der Dampfschiffskessel ist auf der NW-Spitze der Insel vorhanden. Das östliche Ufer dient vorzugsweise für den Kohlenhandel. Daselbst können nach dem erfolgten Umbau der Bohlwerke auch tiefgehende Schiffe anlegen. Für die Aufstapelung der Kohlen sind, an Private vermiethete, Lagerplätze vorhanden, während für das Ueberladen in die Oderkähne, welche die Kohlen landeinwärts führen, durch die Anlage des „Kahnhafens" gesorgt ist. Ausserdem dient letzterer auch als Liegeplatz für die Oderkähne.

Auf dem später unternommenen Gange zu den Rettungsversuchen am Strande berührten wir die „untere" Lotsenwache.

An dem linken Ufer der Swine, nahe der Westmolenwurzel, auf einer alten Schanze, erhebt sich die Lotsenwarte, das wichtigste Gebäude der unteren Lotsenstation. Die einzelnen Theile der gesammten Anlage sind in dem besonderen Lageplane angegeben. *Die untere Lotsenwache. Hierzu Taf. IX Fig. 10.*

Ueber den massiven runden Wartthurm, der 1879 an Stelle eines baufällig gewordenen viereckigen Thurmes errichtet wurde, findet man ausführliche Angaben im Centralblatt der Bauverwaltung 1881 S. 211.

Die untere Lotsenwache ist mit der „oberen", welche sich beim Lotsenbureau im inneren Hafen befindet und vor welcher auch der Lotsendampfer anlegt, telephonisch verbunden.

Bei der Rückkehr von dem Strande erhielten wir einige Aufschlüsse über die Zeitballstation.

Im Jahre 1879 ist seitens des Deutschen Reiches ein Zeitball 110 m östlich von dem Thurme des neuen Schifffahrtshauses aufgestellt worden. Die Konstruktion der eisernen Zeitballsäule ist der in Bremerhaven ausgeführten ähnlich. Letztere findet man in der Deutschen Bauzeitung 1879 S. 248 von dem Verfasser des Projekts, Hafenbauinspektor Lentz zu Cuxhaven, veröffentlicht. *Die Zeitballsignalstation.*

Der Ball, welcher sich 38 m über M. W., 35 m über dem Erdboden befindet, hat einen Durchmesser von 1,5 m und besteht aus einem, mit geschwärztem Segeltuche überzogenen Eisengerippe. Er fällt

um 0^h 0^m 0^s mittlerer Ortszeit und

„ 0^h 0^m 0^s Greenwicher Zeit $= 0^h$ 57^m 6^s p. m. mittlerer Ortszeit. 10 Minuten vor jedem Signale wird er bis zur halben und 3 Minuten vor jedem Signale bis zu der ganzen Fallhöhe emporgezogen. Letztere beträgt 3 m. Für den Fall von Unregelmässigkeiten ist ausserdem noch ein rother Ball von 0,40 m Durchmesser vorhanden.

Der Zeitball wird telegraphisch von der Berliner Sternwarte in Thätigkeit gesetzt.

Nicht unwillkommen an dieser Stelle wird eine kurze Beschreibung der Einsegelung in den Hafen sein.

Den aus See kommenden Schiffen macht sich der Hafen von Swinemünde zunächst kenntlich durch den 69 m hohen Leuchtthurm, zu welchem in der Nähe als Erkennungszeichen noch die Leuchtbake auf dem Ostmolenkopfe hinzutritt. *Die Einsegelung in den Hafen. Hierzu Taf. IX Fig. 1 u. 11.*

Indessen sind ausser diesen Hauptkennzeichen infolge der Lage des Hafens in dem tief in das Festland einspringenden Winkel der Pommerschen Bucht noch weitere Marken in grösserer Entfernung von dem Hafen nothwendig. Als besonders günstig für die Aufstellung von Baken bot sich zu beiden Seiten des Hafens, in ungefähr 12 Seemeilen Entfernung, ziemlich hohes Uferland dar: östlich auf Swinhöft der sogenannte Kiesberg, westlich bei Koserow der Streckelberg.

In der Nähe des Letzteren war es erforderlich ausserdem noch zwei gefährliche Riffe, das Vineta- und das Koserow-Riff, zu bezeichnen. Dieses geschah durch einen vor den Riffen liegenden, 3 Seemeilen sichtbaren, grossen schwarzen Steuder mit zwei Ballons.

Eine weitere Einsegelungsmarke, ein 7 m hoher rother Steuder mit zwei Ballons, befindet sich nordöstlich von Swinemünde, in ungefähr 14 Seemeilen Entfernung, auf der Südspitze der Oderbank. Auf dieser 15 Seemeilen in die Länge und bis zu 10 Seemeilen in die Breite sich erstreckenden Sandbank ist stellenweise nur eine Wassertiefe von 5—6 m vorhanden. Infolge dessen giebt es für tiefgehende Schiffe gewissermassen zwei Einfahrten, eine östliche und eine westliche. Schiffe mit einem Tiefgange bis zu 4 m können zwar diese Bank immer passiren, indessen finden sich bei N- und O-Stürmen auf derselben häufig gefährliche Brechseen.

In der Regel werden nun die Schiffe von dem Lotsendampfer aus, welcher vor dem Hafen kreuzt, mit einem Lotsen besetzt. Falls jedoch ein Schiff ohne Lotsen einzusegeln gezwungen sein sollte, wird ihm von der auf der Ostmole stehenden Winkbake aus der Kurs angegeben, den es zu steuern hat.

Hierzu Taf. IX. Fig. 2—8.

An der vor dem Hafen liegenden Glockenboje (Taf. IX Fig. 2) angelangt bekommt man zwei grosse Baken sehr nahe sich deckend zu Gesicht, von welchen die vordere, die Windmühlenbake (Taf. IX Fig 5) auf dem Westmolenkopfe, die hintere, die Galleriebake (Taf. IX Fig. 7) in der Nähe der Westmolenwurzel steht. Bei der Weiterfahrt hält man diese beiden Baken stets sich deckend, bis man den vor dem Ostmolenkopfe liegenden schwarzen Steuder (Taf. IX Fig. 3) Backbord längsseits hat oder, wenn derselbe vertrieben sein sollte, bis die auf der Ostmole stehende Winkbake (Taf. IX Fig. 6) und die auf der östlichen Stranddüne stehende Richtungsbake (Taf. IX Fig. 8) sich decken. Von hier ab hat man die durch letztere beiden Baken angegebene Richtung zu verfolgen, bis etwa eine Kabellänge nördlich der Winkbake.

Das Fahrwasser ist ausser durch die angegebenen Baken noch durch schwarze und weisse Tonnen bezeichnet und zwar so, dass beim Einsegeln in den Hafen alle weissen Tonnen auf der Steuerbordseite des Schiffes liegen bleiben.

Kann von dem vor Swinemünde sich aufhaltenden Dampflotsenschooner wegen Sturmes und hoher See kein Lotse an Bord des ansegelnden Schiffes gelangen, so fährt der Lotsendampfer, eine rothe Flagge statt der Lotsenflagge führend, dem Schiffe auf dem innezuhaltenden Kurse bis in die Nähe der Winkbake voran. Hier muss auf jeden Fall ein Lotse an Bord genommen werden.

Befindet sich kein Lotsenboot in See, keine rothe Flagge auf der Winkbake, sondern eine grüne auf dem Leuchtthurme, so dürfen die Schiffe nicht einsegeln, sondern müssen die See halten.

Schiffe, die bei Nacht in die Nähe der Rhede kommen, müssen sich durch Feuersignale bemerkbar machen, um einen Lotsen zu erhalten.

Es sei noch erwähnt, dass die Windmühlenbake auf dem Westmolenkopfe und die Galleriebake auf derselben Mole erst 1875 errichtet worden sind, nachdem es häufig vorgekommen war, dass die Schiffer trotz der mit der Winkbake ihnen gegebenen Zeichen sich soweit westlich hielten, bis sie die ganze Hafenmündung frei vor sich sahen, und dadurch in unmittelbare Nähe der mehrerwähnten Sandbank vor dem Westmolenkopfe kamen, die ihnen oft genug verderbenbringend wurde.

Um den in See gehenden Schiffen die Möglichkeit zu bieten, die Deviation des Kompasses zu bestimmen, ist oberhalb der grünen Fläche eine Stelle von ungefähr 100 m im Durchmesser bis zu einer Tiefe von 6 m ausgebaggert, und sind daselbst 3 Tonnen ausgelegt, an welchen die Schiffe die Deviationsbestimmungen machen können. Ausserdem liegt auf 5,5 bis 6 m Tiefe eine Deviationstonne im Stettiner Haff, ungefähr 1 km südwestlich vom Feuerschiff „Kricks" an einer Stelle, welche die nach See bestimmten Schiffe passiren müssen. Deviationstonnen.

Zum Schlusse mögen noch einige Angaben über den Verkehr von Swinemünde im Jahre 1884 gestattet sein. Der Verkehr von
Swinemünde im
Jahre 1884.

I. Der Binnenverkehr.

Es kamen an (zu Thal):

Personen-Dampfer 686
Schlepp- „ 627
Segelschiffe 2 892
   (darunter 2279 ohne Ladung)
      zusammen . . . . 4 205 Schiffe mit 34 832 t Güter.

Es gingen ab (zu Berg):

Personen-Dampfer 685
Schlepp- „ 632
Segelschiffe 2 887
   (darunter 185 ohne Ladung)
      zusammen . . . 4 204 „ „ 297 304 „ „
Der gesammte Binnenverkehr
   betrug sonach . . . . . 8 409 Schiffe mit 332 136 t Güter.

Unter den aus dem Binnenlande angekommenen Gütern befanden sich:

   9 300 t keramische Erzeugnisse: Mauersteine, Thonfliesen, Dachziegel, Thonröhren;
   2 200 t Steine und Steinwaaren;
   2 600 t Erde, Lehm, Sand, Kies, Kreide;
   1 900 t Cement, Trass, Kalk;
   3 300 t landwirthschaftliche Erzeugnisse: Kartoffeln, Gemüse, Pflanzen, Obst;
   2 400 t Mehl und Mühlenfabrikate;
   1 700 t Lumpen;
      u. s. w.

Die landeinwärts beförderten Güter sind in der Hauptsache:

210 000 t Steinkohlen;
 29 000 t Koaks;
 32 500 t Steine und Steinwaaren.

Ausserdem wurden nach dem Binnenlande versandt:

4 000 t Getreide: Roggen, Weizen, Hafer, Gerste;
1 300 t Oelsaat;
2 000 t Petroleum und andere Mineralöle;
3 000 t fette Oele und Fette;
1 000 t Heringe;
u. s. w.

II. Der Seeverkehr.

Es kamen ein (aus See): Schiffe mit Reg.-Ton. netto = cbm.

Dampfer 2577
  (darunter 149 ohne Ladung)
Segelschiffe 1543
  (darunter 218 ohne Ladung)
  zusammen . . . . 4 120 „ 1 278 000 „ „ 3 616 000

Es gingen aus (nach See):

Dampfer 2601
  (darunter 1097 ohne Ladung)
Segelschiffe 1535
  (darunter 185 ohne Ladung)
  zusammen . . . . 4 136 „ 1 272 000 „ „ 3 600 000

Der gesammte Seeverkehr be-
trug sonach . . . . . . 8 256 „ 2 550 000 „ „ 7 216 000

Die Zahlen zu II. beziehen sich auf den Verkehr in der Hafeneinfahrt. Sie enthalten also ausser der verhältnissmässig geringen Zahl der nach Swinemünde selbst bestimmten, bez. von dort ausgehenden Schiffe vor Allem die direkt aus See nach Stettin bestimmten bez. die von dort aus direkt nach See gehenden Schiffe.

Literatur.

1. Bauausführungen des Preussischen Staates 1842 Bd. I Lfrg. III S. 81: „Geschichte der Verbesserung des Fahrwassers an der Swine und Beschreibung der daselbst ausgeführten Bauwerke von der ersten Einrichtung des Hafens zu Swinemünde bis zum Jahre 1833" von Günther.
2. Zeitschrift für Bauwesen 1864 S. 367: „Der Oderstrom mit seinen Ausflüssen in die Ostsee", S. 379: „Mündung der Swine (Hafen von Swinemünde)" von Herr
3. G. Hagen, Handbuch der Wasserbaukunst 2. Aufl. 1880 Th. III Bd. II S. 471 u. a. a. O., Th. III Bd. IV a. v. O.: Geschichte, allgemeine Anordnung, Einzelheiten.
4. Centralblatt der Bauverwaltung 1881 S. 344: Neue Leuchtbake.
5. Centralblatt der Bauverwaltung 1881 S. 211: Neue Lotsenwarte.
6. Deutsche Bauzeitung 1879 S. 248: Zeitballsäule (Bremerhavener)

7. Segelanweisung für die nach Swinemünde bestimmten Schiffe, Stettin 1874: Einsegelung, Seemarken.
8. Nachrichten für Seefahrer, Jahrgänge 1877, 79, 82: Einsegelung, Seemarken, Zeitball, Deviation.
9. Die Schifffahrtszeichen an der Deutschen Küste, Berlin 1878: Seemarken.
10. Zeitschrift des Vereins Deutscher Ingenieure 1878 S. 433: Hebung der Lady Catharine.
11. Broschüre von O. Schimmel & Co. in Chemnitz: Desinfektions-Anstalt.
12. Statistik des Deutschen Reiches:
    a) Der Verkehr auf den Deutschen Wasserstrassen im Jahre 1884.
    b) Statistik des Deutschen Seeverkehrs im Jahre 1884.

VIII.

Rettungsversuche und Rettungsgeräthe.

Bearbeitet von

Swart.

Mit Zeichnungen auf Tafel XIII von demselben.

Nach Besichtigung der Hafenanlagen führte uns Herr Lotsenkommandeur Müller hinaus zum Strande, wohin die Lotsenmannschaft zu einer Uebung mit dem Raketenapparat der fiskalischen Rettungsstation zusammenberufen war.

Es sollte dort gezeigt werden, wie dem Seemann in Noth, wenn sein Schiff in kurzer Entfernung vom Ufer strandete, von letzterem aus Beistand geleistet wird.

In etwa 300 m Entfernung sahen wir einen Uebungsmast, von welchem ein „Schiffbrüchiger" zu uns herüber „gerettet" werden sollte.

Die Aufstellung mit dem Raketenapparat war von der Mannschaft bereits so gewählt, dass der Uebungsmast gerade in der Richtung des Windes gesehen wurde.

Das eigentliche Schiessgestell, cfr. Taf. XIII Fig. 4, welches in einfachster Weise aus einer durch 2 Vorderstützen schräg aufgerichteten eisernen Schiessrinne zur Aufnahme der Rakete gebildet ist, wurde nun schnell auf das Ziel gerichtet, wobei der Schiessrinne mittelst des angehängten Pendelquadranten die für 8 cm-Raketen erforderliche Elevation von 30—35⁰ gegeben wurde.

Gleichzeitig wurde die Egge, auf welcher die Schiessleine aufgeschossen war, seitwärts vom Schiessgestell (des leichteren Ablaufens wegen schräg) aufgestellt und von der Leine selbst eine Bucht in einer Länge von etwa 10 Schritt vor der Egge ausgelegt.

Es mag hierbei bemerkt werden, dass man in neuerer Zeit vorzieht, statt die Schiessleine von der Egge ablaufen zu lassen, wobei immer die Gefahr des Hängenbleibens und Reissens der Leine vorhanden, dieselbe vorher in einem mit durchlöchertem Boden versehenen Kasten von der Egge abzuheben, wie Taf. XIII Fig. 6 zeigt.

Die Konstruktion solcher Leinenkasten, mit welchen heute bereits die sämmtlichen Stationen der Deutschen Gesellschaft zur Rettung Schiffbrüchiger ausgerüstet sind, sollten wir auf der weitern Reise in Stolpmünde auch noch kennen lernen.

Der weitere Verlauf der Uebung war nun der, dass eine 8 cm - Rakete (cfr. Fig. 5) mit ihrer aus angeschraubtem Stab und etwa 3 m langer Kette bestehenden Hinterbeschwerung auf das Schiessgestell gelegt wurde, derart dass das Ende des Stabes das Grenzblatt der Schiessrinne berührte.

Die Kette war gestreckt unter der Rakete liegend nach vorn geführt, durch die hier gabelförmig aufgeschlitzte Schiessrinne nach unten gezogen und mit der Schiessleine verbunden.

Zuschauer und Mannschaft mussten jetzt zurücktreten. Die auf dem Uebungsmast befindlichen Leute erhielten mit einer rothen Flagge das Zeichen zum Aufpassen, welches, nebenbei bemerkt, Nachts mit einer rothen Laterne gegeben wird.

Hierauf setzte Herr Lotsenkommandeur Müller mittelst einer Lunte den im Korb der Rakete befindlichen Sicherheitszünder in Brand.

Wenige Sekunden verstrichen sodann, als zischend und feuersprühend die Rakete ihrem Ziel zuflog, die Schiessleine nach sich ziehend.

Der Schuss war ein Treffer, die Leine fiel über den Uebungsmast und wurde auch ergriffen.

Nunmehr befestigte die Rettungsmannschaft an das in ihrer Hand gebliebene Ende der Schiessleine den sog. Steertblock, cfr. Fig. 2, durch welchen ein Tau ohne Ende, das Jölltau, durchgeschoren war. Die Mannschaft auf dem Uebungsmast holte sodann auf ein gegebenes Zeichen die Schiessleine an. Diese Arbeit erfordert im Ernstfalle namentlich bei starker Strömung grosse Anstrengungen seitens der Schiffbrüchigen, weshalb die Rettungsmannschaft auf das Klarhalten des Jölltaues, wie das auch bei der Uebung durch weites Auseinanderhalten der beiden Theile desselben geschah, grosse Aufmerksamkeit verwenden muss.

Mit dem Steertblock gelangte an Bord des fingirten Wracks eine Weisungstafel mit der Aufschrift (englisch und deutsch): „Macht den Steertblock fest am Untermast so hoch wie möglich, wenn kein Mast steht, an der besten Stelle, die Ihr finden könnt. Dann gebt ein Zeichen." Nachdem diese Weisung von den Leuten auf dem Uebungsmast befolgt war, wurde vom Lande aus mit allen Kräften das eigentliche Rettungstau mittelst des Jölltaues zum Wrack hinübergezogen mit der weitern auf eine Holztafel geschriebenen Weisung: „Macht das dicke Tau fest ein Paar Fuss über dem Steertblock. Gebt gut Acht, dass Alles klar läuft und gebt dann ein Zeichen."

(Dieselben Worte auf der Rückseite der Tafel englisch.)

Während diese Arbeit drüben gethan wurde, verschaffte sich unsere Rettungsmannschaft auf dem Strande durch Einschrauben eines Bohrankers einen festen Rückhalt. Das Rettungstau wurde darnach ohne Schwierigkeit mittelst eines Flaschenzuges straff angezogen und durch Aufrichten eines dreibeinigen Bockes am Ende hoch gehoben, wie in Fig. 1 Taf. XIII skizzirt.

Nach all diesen Vorbereitungen konnte nunmehr das eigentliche Rettungswerk unternommen werden.

Die zur Aufnahme eines Schiffbrüchigen am Rettungsseil angehängte Hosenboje Fig. 2 Taf. XIII, wurde von unsern Leuten mittelst des Jölltaues zum Wrack hinübergezogen und nachdem in dieselbe ein „Freiwilliger" hineingestiegen war, wieder an Land zurückgeholt.

Die Rettung eines Menschen war vollbracht und damit auch die ebenso interessante, wie sicher geleitete Uebung beendet.

Nachgetragen möge hier werden, dass die Raketen für sämmtliche Rettungsstationen unserer deutschen Küsten im Kgl. Feuerwerkslaboratorium zu Spandau, dessen Verdienst es ist, die Rakete zum Leinenschiessen für Rettungszwecke brauchbar gemacht zu haben, angefertigt werden.

Die Tragweite einer 8 cm Rakete, wie solche vor unsern Augen abgeschlossen wurde, ist uns zu 400 m (gegen den Sturm etwa 350 m) angegeben; das Gewicht im ausgebrannten Zustande beträgt noch 16 kg; Kostenpreis 30 Mark. Der Satz besteht aus grobkörnigem Geschützpulver, welches unter hohem Druck in den mittleren röhrenförmigen Theil der Rakete eingepresst wird. Für kürzere Entfernungen von 200 m sind auf den Rettungsstationen auch kleinere (5 cm) Raketen eingeführt. Eine von der Deutschen Gesellschaft zur Rettung Schiffbrüchiger erlassene Instruktion über die Handhabung des Raketenapparates muss neuerdings an Bord eines jeden deutschen Schiffes geführt werden.

Der deutsche Seemann erfährt also nicht zuerst durch jene vorerwähnten Weisungstafeln, was er selbst zu seiner Rettung beizutragen hat, wenn ihm Hilfe vom Lande mittelst des Raketenapparates gebracht wird.

Auf unserm Rückwege warfen wir noch einen Blick in den Bootsschuppen am Lotsenwachthause, in welchem ein Rettungsboot älterer Konstruktion aus Holz gebaut geborgen war. Dass auch die Führung dieses Bootes im Falle der Noth bei unserm Lotsenkommandeur, Herrn Müller, in guten Händen ist, kann der Leser aus Clas Janssen's beredtem Munde erfahren. (Spielhagens Sturmflut.) —

Im Anschluss an vorstehende Mittheilungen möge vorweg an dieser Stelle auch gleich der Uebungen gedacht werden, welche einige Tage später die Rettungsstationen in Rügenwaldermünde und Stolpmünde aus Anlass unseres Besuches veranstalteten.

In Rügenwaldermünde fanden wir auf der fiskalischen Rettungsstation statt eines Raketenapparates einen Mörserapparat in Gebrauch. Es war ein 7 pfündiger Mörser, der eine 15 Pfd. schwere Kugel mit der an derselben befestigten Wurfleine 300 Schritt weit warf. Die Befestigung der Wurfleine an die Kugel dürfte die mitgetheilte Taf. XIII Fig. 3 erläutern.

Der Mörserapparat
der Station Rügen-
waldermünde.

Die Handhabung ist genau dieselbe wie beim Raketenapparat. Wir können uns um so eher auf diese kurzen Angaben über die Mörserapparate

beschränken, als dieselben z. Z. nur noch auf einigen wenigen Rettungsstationen im Gebrauch sind. Zieht man auch Zehnpfünder in Betracht,
welche die Kugel 500 Schritt weit werfen, so schiessen die Mörser zwar
ebenso weit und billiger als die Raketen; sie sind aber bei Regen und
Dunkelheit schwerer zu bedienen als letztere, die ja allezeit fertig zum Gebrauch sind. Die Raketen führen dazu auch die Leine wegen ihrer geringen Anfangsgeschwindigkeit sicherer, während beim Mörser das Geschoss
zu Anfang die grösste Geschwindigkeit hat und in Folge dessen die Leine
leicht reisst, wie wir das auch in Rügenwaldermünde gesehen haben.

In Stolpmünde hatten wir Gelegenheit, die Einrichtungen einer
Raketen- und Bootsstation der Deutschen Gesellschaft zur Rettung Schiffbrüchiger eingehender zu besichtigen.

Die Rettungsmannschaft war hier mit einem Raketenapparat neuester
Konstruktion, dessen Theile auf 2 eigens dazu konstruirten Wagen untergebracht waren, zum Uebungsplatz ausgerückt und nahm nach unserer Ankunft eine Uebung mit demselben vor, deren Verlauf wie vor beschrieben
in Swinemünde war.

Cordes Handgewehr.

Sodann wurden wir mit dem Gebrauch des Cordes'schen Hand-
gewehrs, einer auf einem besonderen Untergestell aufgelagerten Büchse
zum Leinenschiessen auf kurze Entfernungen bis 70 m bekannt gemacht.
Dieses Handgewehr gehört zum Bootsinventar und wird insbesondere gebraucht, um eine Verbindung zwischen Rettungsboot und Schiff herzustellen, wenn ersteres nicht an das Wrack gelangen kann.

In Stolpmünde hat man aber auch, wie uns die Bedienungsmannschaft
erzählte, durch Hinüberschiessen einer Leine mit dem Handgewehr schon
wiederholt von den Molenköpfen aus Fischerbooten, die vom Sturm über-
rascht, die Hafeneinfahrt nicht erreichen konnten, sowie auch andern
Schiffen, die in Gefahr kamen, an der Hafenmündung vorbei zu treiben,
geholfen. Bei finsterer Nacht können aus dem Gewehr auch Leuchtkugeln
geschossen werden, um dem Seemann in Noth das Nahen des Rettungs-
bootes anzuzeigen. —

Das Rettungsboot.

Nach beendeter Uebung lenkten wir unsere Schritte zum Bootsschuppen. Auf einem als Helling konstruirten Wagen stand hier ein Nor-
malrettungsboot deutscher Konstruktion, welches wir in unsern
Zeichnungen Fig. 8 Taf. XIII. (nach „Ahoi" Zeitschrift für deutsche Segler
1885 Heft 1—3) zur Darstellung bringen. Bevor wir in die nähere Beschreibung desselben eintreten, sei bemerkt, dass die z. Z. in Gebrauch befindlichen Rettungsboote sich sämmtlich in 2 Klassen: der englischen und
der deutschen Normalkonstruktion unterbringen lassen.

Die ältere englische Konstruktion legt wesentliches Gewicht auf Selbstentleerung und Selbstaufrichtungsfähigkeit. Die Selbstaufrichtungsfähigkeit eines Bootes wird durch hohe gewölbte Luftkasten vorn und
hinten im Boot bewerkstelligt. Ist das Boot gekentert, so ruht es, wenn
„Kieloberst", nur auf diesen runden Luftkasten, welche dem Boot keinen
Stützpunkt gewähren, und wird durch den schweren eisernen Kiel, den diese
Klasse von Booten haben müssen, um stehen zu können, bei der geringsten
Bewegung im Wasser auf einer Seite wieder niedergedrückt, mithin auf-
gerichtet.

Die Selbstentleerung in diesen Booten wird dadurch geschaffen, dass etwa 15 cm über der Wasserlinie des Bootes ein zweiter vollständig wasserdichter Boden gelegt ist, aus dessen Mitte 4—6 Stück metallene Entleerungsröhren von etwa 10 cm Durchmesser in den untersten Boden münden. Alles oben in das Boot hineingeschlagene Wasser wird durch diese Entleerungsröhren von selbst abfliessen.

Die englischen Boote mit Selbstaufrichtungsfähigkeit und Selbstentleerung sind ohne Ausnahme aus Holz gebaut. Von dieser Art war das bereits vorerwähnte Swinemünder Rettungsboot.

Diese an unsern Küsten anfänglich allein eingeführten Boote finden wir heute nur noch in beschränkter Anzahl, vornehmlich auf den fiskalischen Stationen im Gebrauch. In Stolpmünde und Swinemünde werden sie noch, auch neben den deutschen Booten mit einer gewissen Vorliebe von den Rettungsmannschaften benutzt.

Die in neuerer Zeit vorherrschende Ansicht ist indess die, dass das englische Boot wegen seiner Schwere und seines Tiefganges — bei 33 Fuss Länge 8 Fuss Breite wiegt es ohne Inventar allerdings schon über 2500 kg — für die deutschen Küstenverhältnisse nicht passe. Aus diesen Gründen hat die Deutsche Gesellschaft zur Rettung Schiffbrüchiger auf ihren Stationen die englischen Boote nach und nach durch solche von deutscher Konstruktion ersetzt.

Bei der deutschen Konstruktion ist der mit dem Nachtheil einer grossen Schwere des Bootes verbundene Vortheil der Selbstentleerungs- und Selbstaufrichtungsfähigkeit aufgegeben und das Hauptgewicht auf Stabilität und Leichtigkeit gelegt: auf Stabilität, um gegen das Kentern wenigstens eine möglichst grosse Sicherheit zu gewähren und auf Leichtigkeit, damit das Boot auch auf schlechten Wegen und mit den meist beschränkten Transportmitteln schnell zur Strandungsstelle geschafft werden kann. Die deutschen Normalrettungsboote sind also ohne Selbstentleerungs- und Selbstaufrichtungsfähigkeit, sie haben Luftkasten vorn und hinten, sowie zu beiden Seiten. Sie sind scharf gebaut, vorn und hinten spitz, haben ziemlich viel Sprung, verhältnissmässig grosse Breite und flachen Boden. Deshalb sind diese Boote auch sehr steif, die doppelte Besatzung dürfte nicht im Stande sein, das Boot auf einer Seite niederzudrücken. Diese Konstruktion entspricht den Erfordernissen flacher sandiger Küsten mit ihren oft weit abliegenden Sandbänken. Sie liefert leichte, gut segelnde und leicht zu rudernde Seeboote mit glatter Kielsohle, welche auf Grund gestossen aufrecht stehen bleiben und sich nicht seitwärts überlegen, sodass die nächste Welle sie wieder flott machen wird anstatt sie zu füllen und zu überrollen. Die Deutsche Gesellschaft zur Rettung Schiffbrüchiger hat ihre neueren Rettungsboote aus kannelirtem Eisenblech (Francis patent) erbauen lassen und diesem Material den Vorzug vor Holz gegeben, weil die Boote aus Eisenblech leichter und stärker als hölzerne sind, weniger Pflege bedürfen und den Einflüssen der Witterung nicht ausgesetzt sind, wie Boote aus Holz, welche bei anhaltender Hitze und Trockenheit im Schuppen leicht leck werden.

Weitergehend will die Gesellschaft fortab Stahlblech zum Bootsbau verwenden und die dadurch erzielte Gewichtsersparniss der Grösse zu Gute kommen lassen.

Die Grösse und Einrichtung der Rettungsboote ist nicht auf allen Stationen dieselbe. Die Abweichungen erklären sich dadurch, dass die Gesellschaft bestrebt ist, die zu Gebote stehende Bespannung (Zugkräfte), die Beschaffenheit der Wege, sowie die ortseigenthümlichen Gewohnheiten der Küstenbewohner, in ihren Booten zu rudern, möglichst zu berücksichtigen.

Das Stolpmünder Rettungsboot ist 7,6 m lang, 2,46 m breit, 0,78 m tief und hat dabei 0,4 m Sprung. Tiefgang mit Inventar 0,28 m und mit voller Besatzung 0,32 m. Gewicht 925 Kilo. Das Boot hat eine 0,07 m hohe, in der Mitte 0,4 m breite nach beiden Enden verjüngt zulaufende Kielsohle.

Als Ersatz für den fehlenden Kiel dient das Stechschwert in der Mitte des Bootes. Dasselbe ist untergebracht in dem sog. Brunnen, einem Holzkasten, welcher senkrecht im Boot über einer in die Kielsohle eingeschnittenen etwa 1,6 m langen, 0,05 m breiten Oeffnung steht und letztere wasserdicht umschliesst. In diesem Brunnen oben mit dem einen Ende um einen durchgesteckten Bolzen drehbar aufgehängt, kann das Stechschwert mittelst einer an seinem andern Ende befestigten Leine oder Kette gehoben und gesenkt werden. Wenn es heruntergelassen ist, steht es etwa 0,9 m unter der Kielsohle hervor. Der Brunnen ist gross genug, um das ganze Schwert, auch wenn es aufgeholt ist, z. B. wenn das Boot auf dem Wagen steht oder gerudert wird oder auch mit raumem Winde segelt, in welchen Fällen das Boot kein Schwert nöthig hat, aufzunehmen. Da der Brunnen im Boot nur bis unter die Duchten (Ruderbänke) reicht und oben entweder ganz offen oder mit einem leichten abnehmbaren Deckel geschlossen ist, so wird, sobald das Boot durch eine Sturzsee bis über die Duchten gefüllt werden sollte, durch den Brunnen Selbstentleerung eintreten. Durch leicht zu schliessende Oeffnungen an beiden Seiten am Brunnen über der Wasserlinie des Bootes kann die Selbstentleerung auch bedeutend früher bewerkstelligt werden.

Eine einfache Vorrichtung am Steuer des Bootes, ein Mantel aus Eisenblech, der, wenn heruntergelassen eine Verlängerung des Ruders bildet, ermöglicht, dass damit auch noch das Boot zu steuern ist, wenn es seinen Hintersteven aus dem Wasser stampft.

Das Rettungsboot kann, was ein weiterer Vorzug der leichten deutschen Normalkonstruktion ist — über den Strand direkt an die Stelle gefahren werden, von wo aus ein Abkommen mit dem Boot nach dem Wrack am günstigsten erscheint. Wenn es die Beschaffenheit des Strandes erlaubt und die Pferde sich nicht weigern, ins Wasser zu gehen, so wird das Boot auf dem Wagen in einem Bogen soweit in die See hineingefahren, dass die Hinterräder des Wagens etwa 30 cm tief im Wasser stehen, während der Vorderwagen bereits wieder dem Ufer zugekehrt ist. Weigern sich jedoch die Pferde ins Wasser zu gehen, was oft der Fall ist, so spannt man die Pferde aus und lässt den Wagen durch die Mannschaft rückwärts ins Wasser schieben, soweit, dass das Boot, wenn es vom Wagen heruntergelassen wird, gleich flott ist.

Die Bootsmannschaft nimmt nun im Boote Platz, die Leute legen die Reemen in die Dollen, der Bootssteuerer holt das Ruder an einer Leine soweit auf, dass dasselbe beim Herunterlaufen des Bootes vom Wagen nicht auf die Rollen stossen kann und giebt, wenn im Boot jeder bereit ist, das Kommando „los". Von der auf dem Lande zurückbleibenden Reservemannschaft wird darauf, nachdem die vorderen Taue, mit denen das Boot auf dem Wagen festgebunden ist, gelöst sind, und der Splint aus dem Bolzen des Vorderwagens entfernt ist, das auf dem Hinterwagen ruhende slipartige Gerüst vorn etwas gehoben, worauf sich dasselbe sofort hinten senkt und das Boot auf der geneigten Ebene von selbst heruntergleitet. Es ist nun Aufgabe der Bootsmannschaft, die Kraft, mit welcher das Boot vom Wagen herunterläuft, sofort durch kräftiges Rudern zu unterstützen.

Unter besonders schwierigen Verhältnissen dienen sog. Ankerraketen dazu, das Abkommen des Bootes vom flachen Strande durch starke Brandung zu ermöglichen. Dieselben gleichen den gewöhnlichen 8 cm Raketen; nur finden wir abweichend an ihnen, dass an dem die Vorderbeschwerung bildenden konischen Verschluss 4 Ankerarme angesetzt sind. Die Ankerrakete wird vom Strande aus bis über die stärkste Brandung hinausgeschossen, und wird das Rettungsboot dann an der an dem Raketenstock befestigten Leine, die auch auf dem Strande gehalten wird, durch die Brandung hindurchgezogen, wobei die Fortbewegung des Bootes durch einige Ruderer unterstützt wird.

Bei den Rettungsfahrten wie bei den 4 Mal im Jahre vorgeschriebenen Uebungsfahrten ist die Mannschaft mit Korkjacken bekleidet, cfr. Fig. 7. Wie wir in Stolpmünde gesehen haben, sind die Korkjacken, welche die Deutsche Gesellschaft zur Rettung Schiffbrüchiger für ihre Bootsmannschaften liefert, aus schmalen auf Segeltuch genähten Korkstücken zusammengesetzt. Eine solche Jacke lässt erfahrungsgemäss auch den schwersten Mann, bekleidet mit dickem Wollzeug und Seestiefeln nicht untersinken, sondern trägt ihn 24 Stunden und länger mit den Schultern über Wasser.

Das zum Rettungsboot gehörige Inventar, von dem wir als wichtiges Stück vielleicht noch die Pumpe erwähnen dürfen, war, wie überhaupt alle Apparate der Gesellschaft, in bestem Zustande und in grösster Ordnung im Bootsschuppen zum Gebrauch bereit gestellt.

Das Gesehene glauben wir hiermit im Wesentlichen wiedergegeben zu haben. Als ergänzendes Schlusswort seien noch einige Angaben über Ausbreitung und Erfolge der schon mehrfach von uns erwähnten Deutschen Gesellschaft zur Rettung Schiffbrüchiger, deren Sitz in Bremen ist, hinzugefügt.

Dieser Verein trat ins Leben im Jahre 1865, als die Ueberzeugung sich Bahn gebrochen hatte, dass die bis dahin an einzelnen Küstenpunkten bestandenen Rettungsvereine in ihrer Vereinzelung, ohne Zusammenhang mit einander, ohne Fühlung mit dem ganzen grossen Volke nur unvollkommen ihre schwierige Aufgabe zu lösen vermochten.

An Stelle der verschiedenen Einzelvereine musste eine grosse Deutsche Gesellschaft zur Rettung Schiffbrüchiger treten, sollte für das deutsche Rettungswesen Erspriessliches geleistet werden, und Aufgabe dieses Vereines musste sein einerseits, über die ausgedehnte deutsche Küste einen Gürtel von Rettungsstationen hinzustrecken, nach der andern Richtung aber das ganze Vaterland für das schöne wahrhaft nationale Unternehmen zu interessiren, ausser den Seestädten, welche bisher allein für das Rettungswesen eingetreten waren, auch das Binnenland heranzuziehen zur Aufbringung der für die Errichtung und Unterhaltung der Stationen erforderlichen grossen Geldmittel. Es ist erfreulich zu sehen, von welchem Erfolge die Bestrebungen des Vereins nach beiden Richtungen begleitet sind.

An den Küsten bestehen heute 99 Stationen: 35 Raketen- und Bootsstationen, 45 Bootsstationen und 19 Raketenstationen. Hierzu traten noch einige ältere fiskalische Stationen, die bereits vor Gründung der Gesellschaft bestanden.

Ueber die Vertheilung und Lage der einzelnen Stationen dürfte die vortreffliche Karte, welche wir unserem Referate haben beifügen können, den besten Aufschluss geben.

Was die Ausbreitung über unser ganzes Vaterland betrifft, so zählt der Verein zu Ende des Berichtsjahres 1884/85 44 300 Mitglieder, die sich auf 23 Küsten- und 31 binnenländische Bezirksvereine und 219 Vertreterschaften vertheilen und die in den vergangenen 20 Jahren rd. 2 900 000 Mk. zur Organisation und Erhaltung des Rettungsdienstes sowie zur Bildung eines Reservefonds aufgebracht haben. Etwa 550 Fischer und Schiffsleute, welche Schaar im Nothfalle durch Heranziehung einer weiteren Zahl hülfsbereiter Strandbewohner verstärkt wird, sind von der Deutschen Gesellschaft für den Rettungsdienst angenommen. Soweit dieselben durch Beaufsichtigung der Rettungsgeräthschaften, durch Uebungsfahrten und in anderer Weise für die Gesellschaft thätig sind, erhalten sie eine angemessene Vergütung. Für Ausführung der Rettungsthaten werden ausser festen Prämien (20—40 Mk.) für jedes aus wirklicher Seegefahr gerettete Menschenleben unter Umständen ausserordentliche Anerkennungen in Form von Medaillen und Ehrendiplomen gewährt. Eine grosse Sorge hat die Gesellschaft. der Besatzung ihrer Rettungsfahrzeuge dadurch abgenommen, dass sie das Leben jedes einzelnen für 2500 Mk. versichert und ausserdem einen besonderen Fonds zur Unterstützung der Hinterbliebenen solcher Rettungsmannschaften gebildet hat, welche im Rettungsdienste verunglückt sind.

Gerettet wurden im Berichtsjahre 1884/85 allein 64 Personen; die Gesammtzahl der seit Begründung des Vereins Geretteten betrug am 1. April 1885 — 1546. —

Das deutsche Volk bringt heute den Bestrebungen der Deutschen Gesellschaft zur Rettung Schiffbrüchiger, an deren Spitze seit ihrer Begründung der um die Förderung der Sache hochverdiente Konsul H. H. Meyer steht, ein Interesse entgegen, welches in erfreulicher Weise im Steigen begriffen ist.

Und so wird auch in Zukunft in immer breiteren Schichten besonders der binnenländischen Bevölkerung sich Eingang verschaffen das schöne Mahnwort:

„Hülfe den Schiffbrüchigen ist edelstes Menschenwerk."

„Seemann in Noth", „Ueber englische und deutsche Rettungsboote", Literatur.
„Vorschriften über die Handhabung von Rettungsgeräthen", sämmtlich
herausgegeben vom Bureau der Deutschen Gesellschaft zur Rettung Schiffbrüchiger.

IX.

Mittheilungen über die Beobachtungsstation Swine-
münde der deutschen Seewarte.

Bearbeitet von

Swart.

Mit Zeichnungen auf Tafel XIII von demselben.

———

Noch am selben Nachmittage, an welchem die Uebung mit dem Ra- *Hierzu Taf. XIII*
ketenapparate stattfand, nahmen wir die uns gebotene Gelegenheit wahr, *Fig. 9—11.*
die Einrichtungen einer Normal-Beobachtungsstation der deutschen
Seewarte zu besichtigen.

Die Station war im Schifffahrtsamtsgebäude eingerichtet. Der Vor-
stand derselben, Herr Kapitän Willert, übernahm es bereitwilligst, die
nöthigen Erläuterungen zu geben.

Die Normal-Beobachtungsstationen haben durch täglich mehrmalige
zu bestimmten Stunden auszuführende meteorologische Beobachtungen und
durch Bedienung der an denselben aufgestellten meteörologischen Registrir-
apparate, sowie durch regelmässige Einsendung dieser Beobachtungen und
Registrirungen an die Seewarte den Hauptantheil des Materials zu liefern,
welches aus dem Bereiche der deutschen Küsten sowohl für die tägliche
Berichterstattung über die Witterung und die Ausübung der praktischen
Wetterprognose von Seiten der Seewarte, als für die wissenschaftlichen
Untersuchungen derselben und für die international vereinbarten Veröffentlichungen meteorologischer Beobachtungen erforderlich ist. Die Beobachtungen einer Küstenstation erstrecken sich

auf den Barometerstand, der von Instrumentalfehlern befreit, auf
0° C. und das Meeresniveau reduzirt in Millimetern und Zehnteln
derselben auszudrücken ist,

auf die wahre Windrichtung (nach dem astronomischen, nicht
magnetischen, Nordpunkte bestimmt),

auf die Windstärke, die nach der Beaufort'schen Skala 0—12
(worin bedeuten 0 = Windstille, 1 = leiser Zug, der die Bestimmung
der Richtung gestattet, 2 = leicht, 3 = schwach, 4 = mässig, 5 = frisch,

6 = stark, 7 = steif, 8 = stürmisch, 9 = Sturm, 10 = starker Sturm, 11 = heftiger Sturm, 12 = Orkan) ausgedrückt werden,

auf die Witterung, wobei man unterscheidet: wolkenlos, $^1/_4$ bedeckt, $^1/_2$ bedeckt, $^3/_4$ bedeckt, ganz bedeckt, Regen, Schnee, Dunst (sehr dunstige oder neblige Luft oder Höhenrauch), Nebel, am Orte selbst, Gewitter;

auf die Temperatur des trockenen und desgl. des feuchten Thermometers in Celsiusgraden und Zehnteln derselben ausgedrückt,

auf die Höhe der von Morgens 8 Uhr des einen Tages bis Morgens 8 Uhr des folgenden Tages, also während 24 Stunden gefallenen Niederschlagsmenge in ganzen Millimetern ausgedrückt,

auf die Angaben des Maximum- und Minimumthermometers Morgens 8 Uhr,

endlich

auf den Zustand der See, über welchen nach folgender internationaler Skala zu berichten:

> See 0 = vollkommen glatte See,
> See 1 = sehr ruhig,
> 2 = ruhig,
> 3 = leicht bewegt,
> 4 = mässig,
> 5 = unruhig,
> 6 = grob,
> 7 = hoch,
> 8 = sehr hoch,
> 9 = gewaltig schwere See,
> heftige Sturmsee.

Die voraufgeführten Beobachtungen werden, wo nicht bereits anders bemerkt, regelmässig Abends 8 Uhr, Morgens 8 Uhr und Nachmittags 2 Uhr angestellt und in 2 chiffrirten Depeschen, einer Morgendepesche, welche die erste Tagesbeobachtung mit derjenigen vom Abend vorher zusammenfasst, und einer Nachmittagsdepesche der Seewarte in Hamburg mitgetheilt.

Neben den regelmässigen Telegrammen sind von den Stationen jeder Zeit Extratelegramme abzusenden, wenn das Barometer innerhalb einer Stunde um 2 mm und darüber, oder in 6 Stunden um mehr als 6 mm gefallen ist, wenn der Wind seit dem letzten Telegramm zugenommen und die Stärke eines Sturmes erreicht hat, wenn der starke Wind oder Sturm plötzlich umgesprungen ist, oder wenn gefahrbringende Hagel und Gewitterböen, hohe Fluthen, Windhosen und dergl. eingetreten sind.

Solche Mittheilungen wie von Swinemünde gehen der Deutschen Seewarte von einer Reihe (92) meteorologischer Stationen des In- und Auslandes zu. Das Gebiet, aus welchem sie ihre Telegramme erhält, erstreckt sich nach Westen bis an die Westküste Irlands, nach Süden bis Korsika und Süditalien, nach Osten bis Moskau und nach Norden bis Bodö an der Westküste Norwegens nördlich vom Polarkreis.

Der Inhalt der Morgentelegramme wird sofort den Hafenstädten vollständig oder auszugsweise in den sog. Hafentelegrammen mitgetheilt.

Sodann wird derselbe auf synoptische Wetterkarten, d. i. kleine Karten von Europa, wie solche von manchen Zeitungen (Hamburger Korrespondent, Berliner Tageblatt u. A.) dem Publikum mitgetheilt werden, eingetragen, um daraus einen Ueberblick über die Witterung in Europa am Morgen des laufenden Tages zu erhalten.

Sobald die Wetterkarte fertig ist, schreitet man weiter zur Ausarbeitung einer allgemeinen Uebersicht der Witterung und der Veränderungen derselben seit dem Tage vorher. Anschliessend hieran werden Aussichten für die Witterung des folgenden Tages aufgestellt. Der Wetterbericht mit Karten, mit der allgemeinen Uebersicht und den Aussichten wird alsdann so schnell wie möglich lithographirt und durch die Post den Hafenstädten, den Stationen des Binnenlandes und den korrespondirenden Stationen des Auslandes, ferner Zeitungen und Privaten, die darauf abonniren können, übermittelt.

Die Hafentelegramme werden von den Empfängern, welche sämmtlich Agenten oder Signalisten der Deutschen Seewarte sind, sofort zur allgemeinen Kenntniss des Publikums gebracht durch Ausstellung derselben in dem Wetterkasten. Ein solcher Wetterkasten enthält die 3 letzterhaltenen Hafentelegramme, die letzte Wetterkarte, eine Erläuterung zu den ausgestellten Hafentelegrammen und Wetterberichten, ein Aneroid-Barometer und ein Thermometer.

Im Schiffahrtsamtsgebäude in Swinemünde hing der Wetterkasten gleich am Eingange. Der ausgehängte Wetterbericht umfasste die Ostseehäfen Memel, Neufahrwasser, Swinemünde, Kiel, Skagen, Kopenhagen, Bornholm, Stockholm und Riga, gab also Kenntniss von der Witterung im ganzen südlichen Ostseegebiete. Da für den folgenden Tag die grosse Seereise nach Rügenwaldermünde geplant war, so interessirten uns begreiflicher Weise besonders die von der Seewarte am 11. April ausgegebenen Witterungsaussichten für den 12. Sie lauteten:

„Veränderliches Wetter mit abnehmenden Regenfällen, mässige Luftbewegung bei etwas steigender Temperatur." Auf Grund dieser Prognose konnte weiter geschlossen werden, dass wir Tags darauf eine ruhigere Ueberfahrt haben würden, als am Sonnabend, an welchem Tage Seegang 3 war. In der That hatten wir am Sonntag auch nur See 2, welche immerhin schon auf einen Theil der Reisegefährten grossen Eindruck machte. —

Wenn die bei der Seewarte eingelaufenen Telegramme das Vorhandensein oder die Bildung von Stürmen andeuten, so werden möglichst schnell Sturmwarnungen an die Signalstellen der bedrohten Hafenstädte abgesandt, womöglich mit Angabe der Richtung und Stärke des Sturmes. Diese Sturmwarnungen kommen zur Kunde des Publikums, theils durch Vermittlung der Hafenbehörden, theils durch öffentliche Anschläge, theils endlich durch besondere Sturm-Signalapparate. Ueber Sturmsignale vergl. Kap. XVII. „Seeschiffahrt" im Handbuch der Ing.-W. Band III.

Das etwa waren die Erläuterungen, welche Herr Kapitän Willert an der Hand des ihm zu Gebote stehenden Materials an Karten und Berichten voraufschickte, um uns dann die Apparate zu erklären, welche auf der

Station zu den meteorologischen Beobachtungen benutzt werden. Uebergehen wir hier die bekannten einfachen Apparate, welche auf jeder Wetterwarte des Binnenlandes zu finden sind, so bleiben an dieser Stelle zwei selbstregistrirende Apparate, welche zur genaueren Verfolgung von Luftdruck und Wind aufgestellt waren, zu erwähnen. Es sind dies der Gewichts-Barograph von R. Fuess und der selbstregistrirende Anemometer von Casella & Beckley. Diesen beiden Apparaten wendete sich besonders nach den eingehenden Erklärungen, die uns von denselben gegeben wurden, auch fast allein unsere Aufmerksamkeit zu. Wir möchten über beide hier eingehend berichten, glauben aber doch bezüglich des Barographen, weil die Konstruktion desselben schon nicht mehr ganz neu ist, vielmehr heute bereits der neuere Barograph nach Dr. Sprungs Prinzip mehr in Aufnahme gekommen ist, auf die Beschreibung im Jahrgang I, 1878 „Aus dem Archiv der Seewarte" verweisen zu dürfen.

Selbstregistrirender Anemometer.

Das selbstregistrirende Anemometer aber wollen wir in folgendem, in Wort und Bild, Taf. XIII Fig. 9, 10, 11 spezieller beschreiben. Das Anemometer war auf dem Dach des freistehenden Schiffahrtsamtsgebäudes möglichst günstig aufgestellt, um brauchbare, von störenden Einflüssen auf die Windverhältnisse freie Aufzeichnungen zu bekommen. Das Instrument besteht aus 2 Haupttheilen, dem aufnehmenden, das sich ausserhalb, und dem registrirenden, das sich innerhalb des Gebäudes befindet. Der aufnehmende Theil besteht aus einem Robinson'schen Schaalenkreuz zur Angabe der Windgeschwindigkeit und einer äquilibrirten Windfahne. Die Achse der Windfahne ist hohl und schliesst die Achse des Schaalenkreuzes ein. Die Bewegungen der Windfahne und des Schaalenkreuzes werden zunächst in dem am Fusse des äussern aufnehmenden Theiles befindlichen Kasten auf die Ketten k und i übertragen, welche dieselben Bewegungen weiter nach dem Registrirapparat leiten. Diese erste Uebertragung geschieht bei der Windfahne durch zwei konische Zahnräder, deren eines an der Achse der Windfahne befestigt ist, das andere die Welle für die Kette i trägt; die Drehung des Schaalenkreuzes hingegen wird von der Achse desselben an die Welle der Kette k durch dreimalige Uebertragung von Schrauben ohne Ende auf Zahnräder in ausserordentlichem Grade (20 000 fach) verlangsamt übergeben.

Im registrirenden Theile des Apparates werden die Bewegungen der Ketten auf zwei waagerechte Wellen (i auf q und k auf p) übertragen; die untere dieser Wellen q dreht wiederum vermittelst zweier konischer Zahnräder den kleinen Ambos y, auf dessen Kopffläche sich der Pfeil zum Abdrucken der Windrichtung befindet; die obere kürzere Welle p trägt an ihrem Ende das Druckrädchen a für die Windgeschwindigkeit, welches auf ein zweites Druckrädchen b mittelst eines an einem Hebel wirkenden Gewichtes gepresst wird. Zwischen diesen beiden Druckrädchen wird durch die Bewegung des Schaalenkreuzes der Papierstreifen vorwärts geschoben, welcher die Registrirungen aufnimmt. Was letztere anlangt, so drücken die vorerwähnten Druckrädchen, welche den Papierstreifen vorwärts schieben, zugleich auf diesen links die Angaben bezüglich des von den Schaalen des Anemometers zurückgelegten Weges ein; auf die rechte Hälfte des Papierstreifens fällt dagegen alle Stunden durch das Zahnrad c ausgelöst der

Hammer d herab, welcher mit 2 Köpfen e und f gleichzeitig aufs Papier schlägt und dasselbe gegen seine Unterlage drückt. Diese Unterlage besteht nun für den grössern Kopf e aus dem kleinen oben bereits erwähnten Ambos y, welcher sich nach der Windrichtung dreht; für f bildet die Unterlage ein Rädchen x, auf dessen Rand die Zahlen 1—24 stehen, und welches durch einen kleinen Sperrhaken alle Stunden um eine Zahl vorwärts bewegt wird. — Die Stunden werden astronomisch gezählt; 24 bedeutet Mittag. — Der Papierstreifen mit allen Registrirungen erhält dadurch das Ansehen unserer Detailzeichnung Fig. 9 Taf. XIII, welche gleichzeitig die Art der Bearbeitung der Registrirungen zeigt.

Die Bearbeitung der Registrirungen des Anemometers geschieht, soweit sie den einzelnen Beobachtern selbst zufällt, in der Weise, dass auf den Papierstreifen längs der Punktreihe ein Lineal gelegt und an diesem ein Dreieck verschoben wird; um von dem Mittelpunkt jedes der Windpfeile mit Bleistift einen Strich senkrecht gegen die Punktreihe zu ziehen. Da nämlich der Hammer jede Stunde durch das Uhrwerk ausgelöst wird, so dienen die Windpfeile zugleich als Stundenmarken; die Entfernung derselben ist der Zahl der Umdrehungen des Schaalenkreuzes proportional; die letztere aber kann annähernd als proportional dem vom Winde zurückgelegten Wege angenommen werden. Für die Ableitung der Windgeschwindigkeit aus der Geschwindigkeit der Umdrehungen des Schaalenkreuzes hat die Seewarte die einfache, wenn auch nicht ganz zutreffende Beziehung angenommen, welche von dem Erfinder desselben, Robinson, aufgestellt ist; darnach ist der Weg, den die Mittelpunkte der Schaalen zurücklegen, $= \frac{1}{3}$ des gleichzeitig vom Winde zurückgelegten Weges. Der Apparat hat nun weiter die Einrichtung erhalten, dass er die Umrechnung des in einer Stunde von den Schaalenkreuzen zurückgelegten Weges in die mittlere Geschwindigkeit der betreffenden Stunde in Metern pro Sekunde selbst ausführt. Man erhält direkt die mittlere Geschwindigkeit der betreffenden Stunde in Metern pro Sekunde, wenn man auf dem Anemometerstreifen, wie oben gezeigt, die Entfernung der horizontalen den Stunden entsprechenden Striche von einander an der Punktreihe rechts, die als Skala dient, in Ganzen oder Zehnteln abliest. Die erhaltenen Zahlen nebst der Richtung des Windes am Ende der Stunde — nach 16 Kompassstrichen — sind auf dem Streifen selbst zu vermerken und dann in Tabellen einzutragen.

Die Originalstreifen werden dann mit dem Datum, auf welches sie sich beziehen, versehen, zugleich mit den Tabellen an die Seewarte eingesandt.

„Aus dem Archiv der deutschen Seewarte" I. Jahrgang 1878. Literatur.

X.

Colbergermünder Hafenanlagen.

Bearbeitet von

John.

Mit Zeichnungen auf Tafel XIV von Schümann.

*Abfahrt von Swine-
münde.*
Hierzu Taf. XIV.

Der Morgen des 12. April war kaum angebrochen, als auch schon einzelne Reisegefährten nach den Vorzeichen für den Verlauf der ersten Seereise Umschau hielten.

Bedeckter Himmel, leichte Brise aus NO. und das dumpf herübertönende Geräusch der brandenden Wellen waren indessen nicht im Stande auch nur einen Schatten von Furcht vor der ungemüthlichen Seekrankheit hervorzurufen.

Nach der Verabschiedung von den Herren Regierungs- und Baurath Dresel, Regierungsbaumeister Herrmann und Ober-Maschinenmeister Truhlsen, dampften wir bald nach 6 Uhr auf dem Rücken des „Delphin" in die See hinaus.

Der „Delphin", ein Schraubendampfer, ist in Swinemünde für Lotsenzwecke stationirt. Das Lotsenkommando besteht hier aus dem Lotsen-Kommandeur Herrn Müller, 4 Oberlotsen, 37 Seelotsen und 32 Revierlotsen, welch letztere den Lotsendienst zwischen Swinemünde und Stettin zu versehen haben. Die Seelotsen bilden zugleich die Besatzung des „Delphin", der am Tage in der Nähe der Hafeneinfahrt kreuzt, um Lotsen für einfahrende Schiffe abzugeben und von ausfahrenden zurückzunehmen.

Die leicht bewegte See hatte bald unserem Fahrzeug soviel von ihrem Taumel mitgetheilt, dass wir Wanten und Relinge als Stützen für unsere Fortbewegung auf Deck reichlich ausnutzen mussten. Diese Gefährdung unserer Schwerpunktslage störte indessen die Aufmerksamkeit bei einem anregenden Vortrage des Herrn Geheimen Ober-Baurath Hagen über die Bestimmungen der Fahrgeschwindigkeit auf See ganz und gar nicht.

*Bestimmung der
Fahrgeschwindigkeit
mit Hülfe des ein-
fachen Logs.*

Der Versuch mit dem einfachen Log wurde gleich vorgenommen und mag hier als Ergänzung zu der Beschreibung des Verfahrens auf Seite 289 der I. Auflage des Handbuchs der Ingenieurwissenschaften, Band III Platz finden.

Das Log selbst ist ein dreieckiges Brettchen von etwa 25 cm Seitenlänge, an dessen Ecken starke Schnüre befestigt sind. Eine derselben ist unmittelbar mit der Logleine verbunden, während die beiden anderen sich in einem kleinen konisch geformten hölzernen Stöpsel vereinen, der vor der Messung in eine entsprechende, ebenfalls hölzerne Hülse, die an der ersten Schnur befestigt ist, hineingeschoben wird. Das Brettchen und die 3 Schnüre bilden jetzt eine dreiseitige Pyramide, durch deren Achse die Verlängerung der Logleine geht. Für die Messung ist ausser diesem Log noch eine Sanduhr nöthig, die genau in 14 Sekunden abläuft. Ein Matrose wirft das Brettchen über Heck, lässt die Logleine leicht durch seine Hände gleiten und ruft einen zweiten Matrosen, der die Sanduhr hält, in dem Augenblick, in dem der erste eingeknüpfte Lederstreifen abläuft „turn“ zu. Darauf dreht jener die Sanduhr um und ruft, wenn sie abgelaufen ist, „stop“ zurück. Der erste Matrose hält sofort die Leine fest. Durch den plötzlichen Ruck löst sich der Stöpsel aus seiner Hülse, das Brettchen schwimmt flach und kann leicht eingeholt werden. Die Logleine ist vom ersten Fähnchen ab in Knoten getheilt, und giebt die in 14 Sekunden abgelaufene Anzahl derselben an, wieviel Seemeilen das Schiff in der Stunde zurücklegt. Die Länge eines Knotens würde sich hiernach aus der Proportion „x : 14 = 1852 : 60 . 60“ zu 7,2 m ergeben. Mit Rücksicht indessen auf die Beweglichkeit des Logbrettchens und kleine Ungenauigkeiten bei der Ausführung des Loggens haben die preussische, französische und amerikanische Marine die Knotenlänge zu 6,84 m festgesetzt. Eine Seemeile ist eben gleich einer Bogenminute des Meridians oder gleich der Länge von 1852 m. Wir logten 7 Seemeilen, von denen etwa 1,5 auf Rechnung der Küstenströmung zu setzen waren, deren Einfluss bei einem späteren Beispiel rechnerisch nachgewiesen werden soll. Das Schiff hatte also eine wirkliche Fahrgeschwindigkeit von $5^1/_2$ Knoten, d. h. von $5^1/_2$ Seemeilen in der Stunde.

Der schönste Theil dieser ersten Seereise war für die Hälfte der Berliner Reisegenossen mit dieser Messung zu Ende. Wehmüthig senkten sie die Häupter — und waren traurig, dass das Meer so wackeln thäte. — Gewiss werden sie heute noch Herrn Hafenbauinspektor Richrath und Herrn Lotsenkommandeur Müller für die trostreichen und ermunternden Worte und den diensteifrigen Seelotsen für ihre werkthätige Hülfe Dank wissen.

Wir waren bald in die Höhe des Leuchtthurms von Gross Horst gekommen, dessen Feuer ein Fresnel'sches Drehfeuer erster Ordnung ist, welches von 20 zu 20 Sekunden einen hellen Schein von 5 Sek. Dauer in einer Höhe von 63 m über dem Meeresspiegel zeigt und 20 Seemeilen weit sichtbar ist. Der Apparat bildet ein Polygon von 16 Seiten sowohl in seinem dioptrischen mittleren als in seinem katadioptrischen Untertheil und in der Kuppel. Letztere enthält in jeder Seite 18 Prismen übereinander, der Untertheil deren 8. Eingehendere Angaben hierüber findet man in der Zeitschrift für Bauwesen 1868 Seite 7 bis 14 mit Zeichnungen auf Tafel 8 bis 10.

Wie wichtig für den Seefahrer die Leuchtthürme nicht nur als Warnungs- sondern auch als Orientirungsmittel sind, dürfte allgemein bekannt sein, nicht so vielleicht die äusseren Unterscheidungsmerkmale, die hier, wie sie bei uns festgestellt sind, in kurzer Zusammenstellung folgen mögen:

1. **Feste Feuer** zeigen ein gleichmässiges, einfarbiges Licht.

2. **Feste Feuer mit Blinken.** Das feste Feuer wird in bestimmten Zeitabschnitten von einem oder mehreren helleren Blinken unterbrochen. Die Blinke sind viel lichtstärker als das feste Feuer zwischen denselben, oder auch farbig. Jedem Blink geht gewöhnlich eine Verdunkelung voraus, und folgt auch eine solche.

3. **Unterbrochene Feuer** sind feste Feuer, welche eine längere bestimmte Zeit stehen, dann ein oder mehrere Male kurz hintereinander auf eine ebenfalls bestimmte Zeit verschwinden, um sodann in der früheren Stärke und Dauer wieder aufzutreten.

Bei diesen Feuern ist der Blink von längerer Dauer, wie die Verdunkelung.

4. **Blinkfeuer** zeigen in regelmässigen Perioden Blinke und Verdunkelungen, wobei die Blinke an Lichtstärke allmählich zu und abnehmen. Bei diesen Feuern ist die Verdunkelung mit wenigen Ausnahmen von längerer Dauer, als der Blink.

5. **Gruppen-Blinkfeuer** zeigen mehrere schnell auf einander folgende Blinke von zu- und abnehmender Lichtstärke, in der Regel zwei oder drei zu einer Gruppe vereint, welchen dann eine Verdunkelung von bestimmter längerer Dauer folgt.

6. **Blitzfeuer** werden plötzlich sichtbar, stehen eine sehr kurze Zeit und verschwinden dann wieder plötzlich auf gleich kurze Dauer. Die einzelnen Blitze sind auch zu Gruppen zusammengefasst, die durch längere Pausen getrennt sind, z. B. 4 Blitze — 8 Sekunden Pause — 4 Blitze u. s. w.

Bei diesen Feuern ist nicht mehr die Zeitdauer der Periode zwischen den Lichterscheinungen, sondern die Zahl der Blitze charakteristisch.

7. **Funkelfeuer** sind entweder Blinkfeuer mit kurzen Perioden (von 5 Sekunden und darunter), oder sie zeigen in ebenso kurzen Perioden ein abwechselndes Aufleuchten und Abnehmen der Flamme.

8. **Wechselfeuer** zeigen ein festes Feuer, abwechselnd weiss und farbig, ohne dazwischen liegende Verdunkelungen.

Die in den Verzeichnissen und auf den Karten angegebenen Zeiträume umfassen stets die ganze Periode von Beginn der einen Lichterscheinung bis zum Beginn der nächsten, einschliesslich der zwischen beiden liegenden Verdunkelungen.

Bald hinter Gross Horst sahen wir das Treptower Deep, weiter das Colberger Deep, beides Fischerdörfer.

Eine Sanddüne zieht sich von letzterem bis an das östlich gelegene, künstlich entwässerte Griebower Torfmoor, vor welchem früher auf beträchtliche Länge eine aus faustgrossen Steinen von den Wellen gebildete Steindüne lag. Letztere wurde durch die Sturmfluth im Februar 1874 zerstört, und ist jetzt an ihrer Stelle mit Hülfe von Sandfangzäunen eine Sanddüne erbaut.

Als wir uns Colbergermünde auf etwa 3 Seemeilen genähert hatten, wurde die Lotsenflagge gezogen. Ist dieses Signal von dem Lotsenwachthaus aus erkannt, so begiebt sich ein Seelotse mit 4 bis 6 Lotsenruderern in das bereitliegende Lotsenboot und fährt dem signalisirenden Schiffe entgegen.

Das Schiff muss auf das Lotsenboot halten und schliesslich beidrehen, worauf der Seelotse an Bord steigt und das Kommando übernimmt. Die Colberger Lotsenstation besteht aus einem Oberlotsen, 2 Seelotsen und mehreren Lotsenruderern.

Bald nachdem der Seelotse an Bord gestiegen war, erreichten wir um 1 Uhr 30 Minuten den Hafen, dessen Einfahrt durch eine rothe „stumpfe Tonne" bezeichnet wird. Ein wahres Flaggenmeer wehte uns entgegen. Auf dem Lotsensignalmast war in Flaggenzeichen ein Willkommen ausgesprochen und angegeben, dass die geringste Tiefe im Hafen 4,68 m sei. Eine geringste Tiefe von 5 m bei MW. ist hier erstrebt und eine solche von 4,7 m erreicht.

Die Anordnung der Molen ist ähnlich derjenigen des Hafens von Swinemünde. Die Ostmole setzt die Krümmung des untersten Theiles der Persante als Leitwand fort und deckt nach Westen herumschwenkend den Hafen vor dem stärksten Seegang, der aus NO. kommt. Die einfahrenden Schiffe finden vor diesem Schutz durch den vortretenden Molenkopf. Die Westmole verläuft der ersteren parallel, ist kürzer gehalten und hat keinen ausgebauten Kopf.

Die durch die Richtung der Ostmole zusammengehaltenen Wassermassen der Persante verhindern Sandablagerungen in der Einfahrt und zwischen den Molen, sodass Baggerungen hier nur selten nöthig sind.

Zum Ent- und Beladen der Schiffe wird von dem beiderseitig mit Bohlwerken eingefassten Flusslauf das rechte Ufer zwischen Lotsenboots- und Winterhafen benutzt. In der Nähe des Winterhafens stehen alte Speicher, während auf dem freien Platz nächst dem Bauinspektionsgebäude ein offener Schuppen für Stückgüter von der Colberger Kaufmannschaft erbaut ist. Eine eingeleisige Hafenbahn kommt vom Bahnhof und endigt am Lotsenwachthaus in einem Ausziehgeleis, von dem zwei Stränge parallel dem Bohlwerk bis vor die Entladestelle einer am Winterhafen erbauten Dampfschneidemühle zurückführen. Ein Strang dient für die Aufstellung der vom Bahnhof kommenden, einer für die dorthin bestimmten Wagen. Als nur selten gebrauchtes, nur für grössere Lasten bestimmtes Verlademittel ist am Bohlwerk ein hölzerner Krahn erbaut, der durch zwei hölzerne Zugstangen, die den Kopf der Krahnsäule normal und parallel der Bohlwerksrichtung mit dem Erdreich verankern, gehalten wird. Die Dampfer haben ihre eigenen durch Dampf betriebenen Hebevorrichtungen, während das Be- und Entladen von Segelschiffen immer von Arbeitern, unter Umständen mit Hülfe von am Mast befestigten Flaschenzügen besorgt wird.

Der Ballastplatz liegt unmittelbar unterhalb des Bahnhofs auf dem linken Ufer, während die Verbreiterung an der Einfahrt in den Winterhafen als Wendeplatz gebraucht wird und für alle hier verkehrenden Schiffe ausreichend ist. Der Winterhafen ist nur Liegeplatz für leere Schiffe und zu diesem Zweck im Innern mit Dalben in seiner Umgebung mit Haltepfählen reichlich besetzt.

Der „Delphin" legte am Bohlwerk an, und wir stiegen an Land, wo wir von den Herren Regierungs- und Baurath Benoit, Hafen-Bauinspektor Anderson und Regierungs-Bauführer Frost empfangen wurden.

Unser erster Gang galt dem Baubüreau, wo ein bis in die kleinsten Einzelheiten genaues Modell der Rügenwaldermünder Molen, das den Zustand während des Baues darstellt, erklärt wurde. Eine Beschreibung der Rüstung und des Bauherganges dieser Molen erfolgt später, während eine solche des dort ebenfalls erläuterten Modells zu einem Fischpasse, unter

Hinweis auf den diese Bauwerke behandelnden Aufsatz von H. Keller in No. 25 A des Centralblattes der Bauverwaltung 1885, wohl übergangen werden darf.

Der Gang auf die Ostmole führte an dem Bauinspektionsgebäude, dem Fort „Münde", dem Lotsenbootshafen und dem Lotsenwachthaus vorbei, an das sich unmittelbar die Molenwurzel anschliesst. Der Bau dieser Molen reicht in eine ältere Zeit zurück. Dieselben zeigen als Unterlage eine Packung von Sinkstücken, als Decke grosse, aus Schweden bezogene Granitquadern, deren Fugen mit Cement vergossen sind und als Kern eine lose Steinschüttung. Die zum Theil recht flachen Böschungen werden durch eine Wand von Rundpfählen abgeschlossen und bedingten hafenseitig die Anordnung einer Gordungswand, einer Wand aus in Abständen von etwa 1,5 m stehenden, mit Gurtholz und Holm versehenen Pfählen, die molenseitig eine Laufbrücke trägt. Die Decke der Laufbrücke besteht aus nach unten abgeschrägten Latten, die in dieser Form den aufbäumenden Wellen die Angriffsfläche verringern. Zum Schutz des Hafens gegen überschlagende Wellen hat die Ostmole später eine Brustmauer erhalten, während die Westmole ihre ursprüngliche Gestalt beibehalten konnte. In der Nähe des Lotsenwachthauses steht der Signalmast, dann weiter eine Winkbaake, von der eine Zeichnung in Fig. 11 auf Taf. XVII beigefügt ist. Dieselbe wird von den Lotsen benutzt, wenn zu hoher Seegang sie verhindert, den Schiffen entgegen zu fahren und dieselben zu besetzen. Auf die Stange wird dann eine rothe Flagge aufgehisst, der ganze Apparat um seine senkrechte Achse so gedreht, dass man vom Schiff aus lothrecht auf die Neigungsebene des beweglichen Theiles sieht, und dieser bewegliche Theil vermittelst einer Kurbel- und Zahnradübersetzung nach derjenigen Seite geneigt, nach welcher der Kours des Schiffes zu ändern ist.

Zum Schutz für die einlaufenden Schiffe ist die Gordungswand der Westmole soweit um letztere herumgeführt, dass ein Auflaufen derselben auf die dort verstürzten grossen Steine nicht möglich ist. Es ist hier gegen die See und noch etwa 40 m hafenseitig zunächst wie Taf. XVII Fig. 6 zeigt eine dichte Wand aus Rundpfählen bis auf Mittelwasserhöhe eingerammt und mit einem vorgelegten Gurtholz verbolzt.

Die dicht davor gerammte eigentliche Gordungswand aus Pfählen in Abständen von 1,5 m, deren jeder zweite noch mit einem 1:6 geneigten Schrägpfahl verbolzt ist und die gemeinschaftlich in einen Holm verzapft sind und die Laufbrücke tragen, ist durch ein zweites Gurtholz, das zwischen Vertikal- und Schrägpfählen liegt, mit der vorherigen Konstruktion fest verankert.

Es sind hierbei nur Rundpfähle eingerammt, und ist im Ganzen nur Kiefernholz verwendet worden.

Der Ostmolenkopf wird durch ein 0,1 m über MW. liegendes rd. 3 m breites Bankett aus Bruchsteinen umgeben, das sich gegen eine dichte Wand von Rundpfählen legt. Zwischen dieser Pfahl- und der davor gerammten Gordungswand liegt ein Gurtholz in Mittelwasserhöhe, das mit den Pfählen verbolzt und vor der Gordungswand ein solches, das nach rückwärts, ähnlich wie in Swinemünde, verankert ist.

Die Bauart der Molen.

Die Winkbaake.

Das Ende der Westmole.

Hierzu Taf. XVII Fig. 6.

Der Ostmolenkopf.

Zur Verstärkung der Gordungswand um den Molenkopf ist neben jedem zweiten Pfahl ein Schrägpfahl so eingerammt, dass er das freie Ende der Laufbrücke unterstützt. Seeseitig sind die Molen durch verstürzte grosse Steine gesichert.

Von der Mole zurückgekehrt, setzten wir in bereit gehaltenen Booten nach dem anderen Hafenufer über, wo die vorletzte Sektion des recht alten und schlechten Bohlwerks erneuert wurde. Die Bauart desselben ist in Taf. XIV Fig. 3a—4 wiedergegeben. Die 16 cm starken Spund-Pfähle werden hier zunächst mit Zugrammen vorgerammt, bis sie feststehen, dann tritt eine Dampframme in Thätigkeit. Das Bohlwerk.

Die Bohlwerkspfähle werden von Letzterer allein gesetzt und hinuntergetrieben.

Der Weg am Bohlwerk entlang führte uns zum Bauhof, der mit einem kleinen Bootshafen, einem Helling, einem Materialienschuppen und einem Wächterhäuschen ausgestattet ist. Der Helling ist nur für das Aufziehen der eisernen Baggerprähme und des in neuerer Zeit für Dampfbetrieb eingerichteten früheren Pferdebaggers bestimmt und in Folge dessen mit den einfachsten Mitteln hergestellt. Den in Taf. XIV Fig. 2 beigegebenen Zeichnungen ist nur hinzuzufügen, dass die zu einem Paar vereinigten Gleitbalken 1,5 m von Mitte zu Mitte auseinander liegen, und im Ganzen 2 solcher Paare angeordnet sind, die je zwischen den Mitten der benachbarten Balken einen Raum von 2,6 m lassen. Der Bauhof.

Die Querschwellen sind unter Wasser 6,80 m lang und bilden einen zusammenhängenden Holm für die Pfahlreihe, während sie über Wasser, für jedes Gleitbalkenpaar besonders, in einer Länge von 2,70 m angeordnet und ohne Unterstützung von Pfählen im Erdreich gebettet sind. Im Nothfall kann dieser Helling von kleineren Schiffen benutzt werden. Dem Bauhof gegenüber liegt der Winterhafen, in dem eine besondere Abtheilung für Fischer- und Vergnügungsboote durch eine Reihe von Dalben abgetrennt ist.

Um den Winterhafen vor Versandungen zu schützen, hat man ihn von dem Strome durch eine feste Wand geschieden, die durch zwei Pfahlreihen mit zwischengepackten Senkfaschinen gebildet wird. Die Pfahlreihen stehen 1,0 m von Mitte zu Mitte entfernt, während die Pfähle in denselben ursprünglich einen Abstand von 0,9 m hatten. Die dem Strome abgekehrte Wand wird gebildet durch mit Holm und Gurtholz versehene Pfähle, die im mittleren Abstand von 1,8 m eingerammt sind, und zwischen sich, gleich der Vorderwand, einen bis M. W. reichenden Pfahl aufnehmen. Oberkante Holm liegt 2 m über M. W. Das Nähere zeigt die Fig. 5 auf Taf. XIV. Die Abschlusswand
des Winterhafens.

Nach wenigen Schritten durch die an den Bauhof grenzende Maikuhle, einem prächtigen Laubwald, erreichten wir ein Restaurationslokal, dessen Erfrischungen uns für die weitere Seefahrt neuen Muth verliehen. Von hier aus gingen wir zu der nach der Stadt führenden Pontonbrücke für Fussgänger, an der 3 Boote bereit lagen, um uns die Persante hinauf zu den im Bau begriffenen Anlagen für die Wasserversorgung der Stadt und Münde zu bringen.

<hr>

XI.

Wasserversorgung der Stadt Colberg.

Bearbeitet von

Offermann.

Mit Zeichnungen auf den Tafeln XV und XVI von demselben.

An der langen Brücke verliessen wir die Boote, um nach Begrüssung durch die Herren Stadtbaurath Bachsmann und Regierungs-Baumeister Lindner durch einen anregenden und klaren Vortrag über das im Bau begriffene Wasserwerk zu Colberg erfreut zu werden. Die Ausführungen des Herrn Regierungs-Baumeister Lindner, der die Wasserleitung unter der Oberleitung des Herrn Stadtbaurath Bachsmann entworfen und gebaut hat, und von dem wir auch die nachstehenden Bemerkungen in liebenswürdigster Weise erhalten, lauteten unter Vorzeigung von Zeichnungen etwa wie folgt:

Die Stadt Colberg zählt mit ihren 4 Vorstädten, die Garnison eingeschlossen etwa 17 000 Einwohner, während ausserdem 7 000 Badegäste jährlich das Bad Colbergermünde, eine der Vorstädte, besuchen, von denen 3 000 als gleichzeitig anwesend angenommen werden.

Eine alte, im vorigen Jahrhundert angelegte Wasserleitung mit hölzerner Röhrenleitung wurde mittelst eines 26 Eimer tragenden Wasserrades aus der Persante gespeist, die etwa 2,5 km oberhalb ihrer Mündung in die Ostsee bei Colberg durch ein Schleusenwehr aufgestaut ist. Die ungünstige Entnahme des Wassers aus dem aufgewirbelten Fluss, der mangelhafte Winterbetrieb, der Mangel hinreichender Entnahmestellen, die Nothwendigkeit endlich der Beschaffung von gesundem Trinkwasser für die bisher nicht versorgte äussere Stadt forderten gebieterisch eine Aenderung der bestehenden Zustände.

Die für eine neue Wasserversorgung behufs Wassergewinnung gebohrten Quellen zeigten zum Theil starken Eisengehalt, Vorbedingung zur Entwicklung der chrenotrix, theils waren sie zu wenig ergiebig, alle aber waren sehr weit entfernt von der Stadt, erforderten also kostspielige Leitungen.

Man beschloss daher, namentlich auf das Urtheil des Chemikers Dr. Bischoff in Berlin hin, das Wasser wieder der Persante und zwar oberhalb des Schleusenwehres zu entnehmen, da dort meilenweit stromaufwärts keine Ortschaften liegen. Das Persantewasser entspricht in Bezug auf Härte den gewöhnlichen Anforderungen nahezu, während seine Temperatur im Hochsommer allerdings zu wünschen übrig lässt.

Die neue Wasserversorgung hat die nachfolgenden Einrichtungen erhalten:

Das Wasser der Persante, welches nur selten einer Reinigung bedarf, fliesst von der Entnahmestelle her zunächst in einen Brunnen und wird von dort mit Benutzung der Wasserkraft, welche nach Beseitigung des alten

Wasserrades zur Verfügung stand, und mit Dampfkraft als Aushülfe in einen hochgelegenen Behälter gehoben, von wo es bis in die höchstgelegenen Häuser der Stadt fliesst.

Die Gruppirung dieser Anlagen ist aus den Lageplänen (Fig. 1 Taf. XV und Fig. 1 Taf. XVI zu ersehen. Für den Fall, dass nach längerer Erfahrung eine vollkommene, künstliche Filtration des Wassers sich nöthig erweisen sollte, sind Plätze für Filteranlagen auf Bastion Magdeburg vorgesehen. Fig. 1 Taf. XVI.

Die Entnahme des Wassers aus dem Flusse findet in der als Grobfilter konstruirten Schöpfstelle statt, deren Konstruktion aus der Zeichnung ersichtlich ist. Fig. 2 Taf. XVI. Die unteren, kühlen Wasserschichten der Persante treten beim regelmässigen Betriebe durch die äussere Oeffnung ein und von oben her durch die Filterschichten, deren oberste aus erbsengrossen Steinen besteht, in das Rohr zum Reinwasserbrunnen. Für den Fall von Wehrbrüchen oder Wehrausbesserungen, also von niedrigen Wasserständen, wird der Schieber s geöffnet. Das Zuflussrohr zum Reinwasserbrunnen ist durch einen Keilschieber k, Fig. 1 Taf. XVI verschliessbar, theils um den Reinwasserbrunnen entleeren, theils auch um den Betrieb, der in Aussicht genommenen Filter, ermöglichen zu können. Ueberhaupt sind alle Rohranschlüsse für den Filterbetrieb vorsichtigerweise von vorneherein, da wo es nöthig war, mit ausgeführt.

Der Reinwasserbrunnen Fig. 3 und Fig. 4 Taf. XVI dient auch als Klärbrunnen. In diesen Brunnen münden 2 Saugrohre von 300 mm l. W., welche beide mit Saugkörben und Klappen versehen sind. Ausser den beiden Saugrohren ist am Boden des Brunnens ein Stutzen für das Abflussrohr von den zu erbauenden Filtern eingemauert, welches vorläufig ausserhalb des Brunnens mittelst eines Blindflansches geschlossen ist. Die grosse Lichthöhe des Brunnens über Terrain war durch die Höhenlage der Filter bedingt.

Zur Hebung des Wassers in den Hochbehälter sind 4 liegende, doppelt wirkende Pumpen angeordnet, von denen das eine Paar durch Wasserkraft betrieben wird. Es sind dies Girard-Plunger-Pumpen, welche durch ein Zahnradvorgelege betrieben werden. Als Motor dient ein Ponceletrad von 5,2 m Durchmesser und 2,5 m Breite, welches ein nutzbares Gefälle von 1,56 m hat und welches für das mittlere Gefälle im Sommer von 1,31 m, wo grösste Leistung der Pumpen verlangt wird, berechnet wurde.

Die Leistung der Pumpen ist wie folgt berechnet. Der Berechnung der Verbrauchsmenge ist die gleichzeitige Anwesenheit der 17.000 Einwohner und 3000 Badegäste und ein Zuwachs von 30 % zu Grunde gelegt. Für diese soll in der heissen Jahreszeit der grösste Verbrauch 120 l pro Kopf bebetragen, wobei zu bemerken, dass die Anlage von Wasserkloseten nahezu ausgeschlossen erschien. Der Verbrauch ergiebt sich hieraus zu 3000 cbm pro Tag. Die Verwendung der billigen Wasserkraft zum Betriebe gestattete diese, wie sich später erwies, reichliche Annahme. Der höchste Wasserstand im Behälter bestimmte sich im Mittel zu 28—30 m über Strassenpflaster, wenn das Wasser etwa 11,0 m über dem letzteren in den zweiten Stockwerken der Häuser noch mit reichlicher Kraft ausströmen sollte. Die Hubhöhe des Wassers von Oberwasser der Persante bis zum Behälterspiegel beträgt 31,7 m, die Verlusthöhe nach Weissbach in der 600 m langen Saug-

und Druckleitung etwa 1 m. Zu heben sind also bei einer täglichen Arbeitszeit der Maschinen von 20 Stunden in einer Sekunde $\frac{3000}{20 \cdot 60 \cdot 60} = 0{,}042$ cbm auf 32,70 m Höhe.

Die von dem Motor zu leistende Arbeit beträgt daher:

$$n = \frac{1{,}2 \cdot 0{,}042 \cdot 1000 \cdot 32{,}75}{75} = 22 \text{ Pferdestärken,}$$

wobei der Koëfficient 1,2 alle Reibungswiderstände in den Getrieben u. s. w. in Rücksicht zieht.

Das Aufschlagswasser des Wasserrades war auf 2,50 cbm für eine Sekunde berechnet, folglich stellte sich seine Arbeitsleistung theoretisch auf $n_1 = \frac{2{,}5 \cdot 1000 \cdot 1{,}31}{75} = 42{,}76$ Pferdestärken. Der zu fordernde Nutzeffekt war demnach $\frac{n_1}{n} = \frac{22}{42{,}76} = 0{,}52$. Gewählt wurde ein Ponceletrad, da die räumlichen Verhältnisse der Anlage von Turbinen nicht günstig waren.

Starke Winde aus Nord und Nord-West verursachen in der Persante-Mündung Anschwellungen, welche das Gefälle am Wehr zeitweise, wenn auch nur für wenige Stunden, auf 0,5 m ermässigen können. Da auch bei Eisgang, starkem Frost, Hochwasser u. s. w. auf den Betrieb des Wasserrades nicht gerechnet werden konnte, so ist noch eine Dampfmaschine, wie oben gesagt, als Aushülfe zur Aufstellung gelangt. Es wurde für dieselbe bei 16 stündiger Arbeitszeit ebenfalls die Fördermenge von 3000 cbm zu Grunde gelegt und wurden der Maschine 35 Pferdekräfte gegeben. Zur schnellen Inbetriebsetzung dient ein Röhrenkessel. Die Anordnung der Anlage geht aus der Fig. 5 Taf. XVI hervor. Die Maschine ist mit Kondensation und variabeler Expansion (Meyer) eingerichtet und treibt zwei liegende doppeltwirkende Kolbenpumpen, deren Kolbenstangen mit der des Dampfcylinders und der Kaltwasserpumpe gekuppelt sind. Der Abdampf tritt zunächst in den Vorwärmer, dessen 13 kupferne Röhren er umspült, und geht von da in den Kondensator.

Am Druckwindkessel befindet sich ein Manometer, welches auch den ungefähren Wasserstand am Hochbehälter erkennen lässt. Zwischen den Pumpen und dem Druckwindkessel, sowie in den getrennten Saugrohrleitungen ermöglichen Schieber das Ausschalten jeder einzelnen Pumpe.

Die durch Wasserkraft betriebene Pumpenanlage hat eine ähnliche Anordnung erhalten, wie die eben beschriebene.

Ein für die Filterpumpen vorgesehener Raum f Fig. 1 und Fig. 5 Taf. XVI wird vorläufig zur Prüfungsanstalt für Wassermesser benutzt.

Diese Prüfung geschieht in der Weise, dass der Wassermesser an ein 30 mm weites Bleirohr der Wasserleitung angeschlossen wird, und das durchgegangene Wasser in einen Bottich abfliesst, dessen Wasserstände an einem Wasserstandszeiger abgelesen werden.

Der Druckrohrstrang für beide Pumpenanlagen vereinigt sich zu einem gemeinschaftlichen und führt in einer Lichtweite von 300 mm zum Hochbehälter.

Der eiserne Hochbehälter Fig. 6 Taf. XVI und Fig. 2 Taf. XV befindet sich auf einem gemauerten Thurme.

Die aus den stündlichen Verbrauchsschwankungen sich ergebende Vorrathsmenge, vermehrt um 200 cbm als Vorrath für Feuerlöschzwecke, beträgt 650 cbm als nutzbarer Behälterinhalt. Der Gesammtbehälterinhalt beträgt rund 800 cbm.

In den Behälter, den kalottenförmigen Boden durchbrechend, führen 4 Röhrenstränge und zwar:

a) das Steigrohr (Druckrohr) von 300 mm l. W., dessen oberer Auslauf 2,5 m über den Boden reicht;

b) das Fallrohr von gleicher Weite, mit dem Einlauf 1,6 m über dem Boden;

c) das Ueberlaufrohr von 250 mm l. W., welches bis zum höchsten Wasserstande reicht und in einen nahe gelegenen Graben ausmündet;

d) das Entleerungsrohr von 150 mm l. W., welches vom tiefsten Punkte des Behälters zum Ueberlaufrohr geht.

An den genannten Rohren befinden sich noch folgende Absperrvorrichtungen und Verbindungen. Das Entleerrohr und das Fallrohr haben je einen Absperrschieber erhalten, während das Steigrohr mit einer Rückstauklappe, welche bei Rohrbrüchen das Ablaufen des Behälters verhindern soll, versehen ist. Zwischen Steigrohr und Ueberlaufrohr ist gleich unter dem Behälter eine Verbindung hergestellt, welche durch einen Schieber verschlossen ist. Eine eben solche, gewöhnlich geschlossene Verbindung befindet sich im Keller des Thurmes zwischen Steigrohr und Fallrohr. Soll der Behälter gereinigt oder nachgesehen werden, so werden die beiden zuletzt erwähnten Schieber geöffnet und das Wasser mit Ausschluss des Behälters unmittelbar in die Stadtleitung gepumpt. Das Steigrohr dient dann als Standrohr und das zuviel gepumpte Wasser fliesst durch die Verbindung nach dem Ueberlaufrohr hinab. Eine Uebersicht des Betriebes ist in der schematischen Darstellung Fig. 2 Taf. XV gegeben.

Im Wasserthurm befindet sich kein Wärter. Der höchste und niedrigste Wasserstand im Behälter wird auf elektrischem Wege in dem Maschinenhaus bemerkbar gemacht.

Bemerkenswerth sind die im Thurmkeller aufgestellten Einrichtungen zur Messung der in einzelnen Tagesstunden abgegebenen Wassermengen, sowie solcher zur Feststellung von Verlusten im Rohrnetz (Fig. 7 und 8 Taf. XVI). Für diesen Fall wird die Hauptleitung durch einen Schieber abgesperrt und so das Wasser gezwungen, seinen Weg durch eine Umleitung um diesen Schieber und damit durch einen Wassermesser zu nehmen (S. Fig. 8 Taf. XVI). Die Verluste werden in der Nacht zur Zeit des geringsten Wasserverbrauchs am Wassermesser bestimmt. Zur Messung ganz geringer Wassermengen ist noch ein kleiner Wassermesser b eingeschaltet. Die Aufsuchung der Vergeudungsstellen erfolgt abtheilungsweise durch Schliessen bestimmter Schieber im Stadtrohrnetz und Abtrennung eines bestimmten Häuserviertels.

Das Stadtrohrnetz ist nach dem Gürtelsystem (Zirkulationssystem) angelegt (Fig. 1 Taf. XV). Um die bekannten Vortheile des Verästelungssystems jedoch für dasselbe zu erlangen, kann durch Schliessung bestimmter Schieber eine Verästelung im Stadtrohrnetz herbeigeführt werden. Behufs Ermöglichung der Spülung der todten Rohrleitungen befinden sich an deren Enden Hydranten. In den Strassen sind solche in Entfernungen von 100 m vertheilt.

Der Hauptstrang hat einen Durchmesser von 300 mm erhalten. Von diesem gehen die einzelnen Aeste ab, während er, die Stadt in zwei Hälften theilend, immer mehr an Weite abnimmt. Die Berechnung der Rohrweiten hat unter Zugrundelegung einer bestimmten Einwohnerzahl für das Haus, von welcher der achte Theil gleichzeitig Wasser entnimmt, bei gleichzeitiger Oeffnung mehrerer Hydranten, nach der Weissbach'schen Formel stattgefunden, wobei die Geschwindigkeit zu 0,9 bis 1,0 m angenommen wurde. .

Die Aufbringung der Kosten erfolgt durch Wasserzins, welcher alle Häuser ohne Ausnahme trifft und der Höhe der 4 % Gebäudesteuer gleichkommt. Gewerbetreibende werden ausserdem mit einem Zuschlage belastet, können aber ihren Wasserverbrauch durch Wassermesser feststellen lassen und zahlen dann 0,25 Mk. für das cbm.

Die Betriebseröffnung erfolgte am 5. Juli 1885. Dabei zeigte es sich, dass das Wasser der Persante, nachdem es das unterirdische Rohrnetz durchflossen, sich von 21° C. auf 14—15° abgekühlt hatte.

Auch die neue Kanalisation der alten Stadt Colberg (für Haus- und Regenwasser) wurde uns im Büreau erläutert. Danach ist die Stadt in drei Zonen getheilt, welche für sich ihr Wasser an die Persante an drei Mündungsstellen abgeben. Dadurch ist es möglich geworden, mit einem billigen Rohrnetz unter Vermeidung von Eikanälen auszukommen.

An diesen Vortrag schloss sich eine Besichtigung der geschilderten Anlagen.

Auf dem Rückweg zum Schiff konnten wir einige flüchtige Blicke in die Strassen der Stadt Colberg werfen, auf die ehrwürdigen Häuser und den historischen Thurm. Unter den Neubauten machte sich uns das neue gothische Postgebäude bemerkbar.

══════════

XII.

Rügenwaldermünder Hafenanlagen und Einiges über Schifffahrtskunde.

Bearbeitet von

John.

Mit Zeichnungen auf den Tafeln XVII und XVIII von Hessler.

───────

Um 5 Uhr verabschiedeten wir uns von den liebenswürdigen Führern durch die städtischen Bauanlagen, sagten, dankend für Rath und That, Lebewohl den Herren Wasserbauinspektor Richrath und Lotsenkommandeur Müller, bestiegen dann den bereit liegenden fiskalischen Raddampfer „Pfeil" und dampften wieder hinaus in das Meer, begleitet von den seemännischen Grüssen des auf den Molen zahlreich versammelten Publikums. Obgleich sich die See unterdessen sehr abgestillt hatte, und heller Sonnenschein auf unserem breiten Wasserpfade lag, war dennoch fürsorglich nach Rügenwaldermünde die telegraphische Weisung gegangen, die Molenköpfe zu erleuchten. Eine Massregel, die sich bei unserer Ankunft dort um etwa 10 Uhr als sehr zweckmässig herausstellte, zumal uns die herrlichste Beigabe jeder nächtlichen Seefahrt, der Mondschein fehlte.

Die Kursbestimmung nahm Herr Geheimer Oberbaurath Hagen selbst in die Hand, und soll der Verlauf derselben hier kurz beschrieben werden.

Die Kursbestimmung.

Ein Blick auf die beigelegte Karte der preussischen Ostseeküste zeigt, dass der Strand zwischen Colberg und Rügenwalde eine Schwenkung nach Norden macht. Um nicht zu weit vom Lande abzukommen, und möglicherweise den Hafen von Rügenwalde zu verfehlen, wurde nicht der direkte Kurs gewählt, sondern zunächst die Richtung O $^3/_4$ N bis zu einem auf der Karte bestimmten Punkt gegenüber dem Laufenden Tief, durch welches der Jamunder See mit der Ostsee in Verbindung steht. Die Länge dieser ersten Kursrichtung wurde aus der Karte abgegriffen, und war für die Bestimmung der Zeit, wann der Kurs zu ändern ist, nur noch die Geschwindigkeit des Schiffs festzustellen.

Zu diesem Zweck wurde in dem Augenblick, als der Colberger Kirchthurm in der Richtung des Lothes auf der Längsrichtung unseres Schiffes erschien, das Patentlog ausgeworfen und die Zeit notirt. Als darauf der Funkenhagener Leuchtthurm in derselben Weise gepeilt werden konnte, wurde das Patentlog an Bord gezogen und wiederum die Zeit notirt. Das Patentlog besagte, dass wir 12,1 Seemeilen zurückgelegt hatten, während dieselbe Strecke auf der Seekarte gemessen nur 10 Seemeilen lang war. Es waren mithin hier 2,1 Seemeilen auf Rechnung der entgegenstehenden westlichen Küstenströmung zu setzen. Nach der Uhr hatten wir diesen Weg in 1 Stunde 23 Minuten zurückgelegt, so dass der „Pfeil" $\frac{10}{1,38} = 7,25$ Knoten machte, während die Küstenströmung eine Geschwindigkeit von $\frac{2,1}{1,38} = 1,5$ Knoten hatte. In derselben Richtung waren nach der Karte noch 10,9 Seemeilen zurückzulegen, d. h. der Knickpunkt musste unter Berücksichtigung der Küstenströmung nach rd. 1 Stunde 30 Minuten oder um 8 Uhr 12 Minuten erreicht sein. Um diese Stunde wurde denn auch dem Steuermann aufgegeben ONO $^3/_4$ N zu halten. Es war, wie erwähnt, ungefähr in der Höhe des Laufenden Tiefs. Nach den Voraussetzungen musste jetzt das Schiff direkt auf den Leuchtthurm „Jershöft" liegen, und dessen Licht in 11 Minuten, d. h. um 8 Uhr 23 Minuten am Horizont erscheinen. Um diese Zeit stand denn auch ein grosser Theil von uns auf der Kommandobrücke und spähte in das Nichts vor uns. Um 8 Uhr 30 Minuten erschien der erste Blink in ONO $^3/_4$ N.

Zur Erklärung dieser von den Seeleuten gebrauchten, im Binnenlande aber wenig bekannten Bezeichnung der Kompassrichtungen, sei hier erwähnt, dass bei $^1/_{32}$ Kreistheilung zwischen N und NNO noch NzO (N zu O)

Bezeichnungen der Kompassrose.

und zwischen NNO und NO noch NNOzO oder auch links drehend NOzN u. s. w. eingeschaltet wird. Hierbei liegen die Richtungen einen Strich auseinander. Bei $^1/_{64}$ Theilung wird jeder der oberen Bezeichnungen nur $^1/_2$ mit der Hauptrichtung wohin also N, O, S oder W hinzugesetzt und diese eingeschaltet z. B. N$^1/_2$O der erste Theilstrich von N nach O und O$^1/_2$N der erste Theilstrich von O nach N. Bei $^1/_{128}$ Theilung wird $^1/_4$ und $^3/_4$ mit der Hauptrichtung, wie oben noch eingefügt. Demnach würden die ersten Theilungen von N nach O heissen: N—N$^1/_4$O—N$^1/_2$O—N$^3/_4$O—NzO—NzO$^1/_4$O u s. w. Ob man rechts oder links drehend die Bezeichnung wählt ist gleichgültig, man giebt der kürzeren den Vorzug. Eine andere und einfachere aber fast nur auf dem Lande gebräuchliche Bezeichnung theilt den Kreis in 32 Theile und zählt von N bis O, von O bis S u. s. w. mit Hinzusetzung der Strichzahl, z. B. N1O, N2O u s. w. bis N7O (N7 Strich O). Zur Erklärung ist die Theilung für $^1/_4$ Kreis mit beiden Bezeichnungen in Fig. 9 Taf. XVII beigegeben.

Das Patentlog. Das Patentlog wird in angemessener Entfernung vom Schiff mitgeschleppt. Das seiner Vorwärtsbewegung entgegenstehende Wasser dreht spiralförmig angebrachte Flügel, deren Welle in einer Metallhülse auf ein Räderwerk wirkt, das so regulirt ist, dass durch 3 übereinander angebrachte Zeiger die zurückgelegten Knoten- bezw. Seemeilenzahl direkt abzulesen ist. Näheres hierüber ist in der deutschen Bauzeitung 1874 S. 155 u. 183 zu finden.

Das Lothen. Während der Fahrt hatten wir auch Gelegenheit, das Lothen zu beobachten. Das Loth, ein cylindrischer Eisenkörper, ist an einer langen, durch eingesplisste Läppchen oder Lederstreifen mit Knoten in Fäden oder Meter getheilten Leine, der Lothleine, befestigt. Ein Matrose nimmt das Loth und etwa 8 m der Lothleine in die Hand, tritt, soweit es angeht, nach dem Bugspriet vor, schwingt beides so lange, bis er den richtigen Wurf in der Hand zu haben glaubt, worauf er das Loth in Richtung der Bordleine in weitem Bogen dem Schiff vorausfliegen lässt. Ein zweiter Matrose steht unterdessen etwa in der Mitte des Schiffs an der Reling und hält die Fortsetzung der Leine lose in der Hand. Bei gutem Wurf muss das langsam fahrende Schiff so weit vorwärts gekommen sein, dass das Loth gerade an dieser Stelle auf den Boden kommt, was an der Spannung der Leine leicht zu bemerken ist. Mit Hülfe der eingeflochtenen Theilung ist dann die gelothete Tiefe sofort abzulesen. Sind die Tiefen nicht bedeutend, dann kann das Lothen auch durch einen Mann ausgeführt werden. Tiefen von etwa 6 m peilt man auch hier mit der Peilstange.

Der Leuchtthurm zu
Funkenhagen. Das Feuer des schon früher erwähnten Leuchtthurms zu Funkenhagen liegt 50 m über MW der Ostsee, ist bei klarem Wetter 18$^2/_3$ Seemeilen weit sichtbar und wird erzeugt durch einen Fresnel'schen Apparat zweiter Ordnung. Es erscheint weiss und fest und ist am 1 Januar 1878 angezündet.

Der Schutz der
fahrenden Schiffe bei
Nacht. Mit Sonnenuntergang werden die Feuer der Leuchtthürme angezündet. Mit diesem Zeitpunkt treten auch die Artikel 2 bis 11 der Verordnung zur Verhütung des Zusammenstosses der Schiffe auf See vom 7. Januar 1880 in Kraft. Dieselben enthalten die Vorschriften über das Führen von Lichtern in der Zeit von Sonnenuntergang bis Sonnenaufgang

Hiernach muss jedes in Fahrt begriffene Dampfschiff an oder vor dem Fockmast (vorderster Mast) mindestens 6 m über dem Schiffsrumpf ein helles weisses Licht führen, das einen Bogen von 10 Kompassstrichen (2 Striche über 90° von der Schiffsmitte aus gerechnet) nach jeder Seite hin beleuchtet. Dasselbe muss bei klarer Luft auf 5 Seemeilen sichtbar sein. An der Steuerbordseite (rechts) muss ein grünes Licht so angebracht sein, dass es einen Bogen von 10 Kompassstrichen, von der binnenbordseitig an ihm vorbeigezogenen Parallelen zur Schiffsmittellinie ab, nach rechts beleuchtet. An der Backbordseite (links) muss ein rothes Licht angebracht sein, das den entsprechenden Bogen nach links bestreicht. Für die beiden letzten Lichter gilt gleichmässig, dass sie in solcher Höhe angebracht sind, dass sie bei klarer Luft auf 2 Seemeilen Entfernung zu erkennen und binnenbordseitig durch mindestens 1 m, den Lichtpunkt nach vorn überragende Schirme derartig gedeckt sind, dass sie nicht über den Bug hinweg von der anderen Seite gesehen werden können. Ein kurzer hinter ihnen angebrachter Schirm fängt die rückwärts fallenden Strahlen auf. Diese Schirme sind entsprechend den Lichtern grün bezw. roth gefärbt. Von jedem Standpunkt vor dem Schiff ist aus der Zusammenstellung der sichtbaren Lichter sofort auf den Kurs des Schiffes zu schliessen. Ein Segelschiff hat nur das rothe und grüne Licht zu führen. Nachdem auf unserem Schiff die beschriebenen Lichter angezündet waren, dampften wir ruhig, das Blinkfeuer des Leuchtthurmes von Jershöft vor uns, in die stille dunkele Nacht hinein.

Um 9¹/₂ Uhr sahen wir rechts vor uns die ersten Lichtpunkte erscheinen, denen sich bald mehr und mehr anschlossen, Rügenwalde und die Münde lagen vor uns. Bald kamen auch ein rothes und ein grünes Licht zum Vorschein, Zeichen für uns, dass wir erkannt und das Lotsenboot bald bemerkbar sein müsse. Hinzugefügt sei noch, dass unsere kleineren Häfen sämmtlich mit einem rothen Hafenlicht versehen sein müssen, das während der Nacht am Lotsenwachthaus aufgezogen wird.

Ein Molenkopf wird von besonderen Wachtmannschaften nur nach vorheriger Mittheilung und auf durch Flackerfeuer gegebenes Zeichen für die Einfahrt suchenden Fischerboote durch gewöhnliche weisse Laterne kenntlich gemacht. Schiffe dürfen nur in Nothfällen des Nachts in den Hafen laufen. Rügenwaldermünde hat noch kein Hafenlicht. Der Bau des Lotsenwachthauses mit dem Hafenlicht kommt aber in diesem Jahre zur Ausführung. Der Artikel 10 Absatz a der oben angeführten Verordnung besagt, dass jedes in Fahrt begriffene offene Boot eine Laterne gebrauchsfertig zur Hand haben müsse, welche mit einem grünen Glase an der einen und mit einem rothen Glase an der anderen Seite versehen ist. Diese Laterne muss bei jeder Annäherung von oder zu anderen Schiffen so gezeigt werden, dass das rothe Licht nicht von der Steuerbordseite und das grüne Licht nicht von der Backbordseite her gesehen werden kann. Absatz e desselben Artikels setzt noch hinzu, dass diese Boote nach ihrem Gefallen ausserdem noch ein Flackerfeuer zeigen dürfen. Unter Letzteren wird das in angemessenen Zwischenräumen gezeigte weisse, über den ganzen Horizont leuchtende Licht einer kugelförmigen Laterne verstanden. Dieses ist die hier allein übliche Methode, sich bemerkbar zu machen, und hatten wir auch bald unter den vielen Lichtpunkten einen ausfindig gemacht, der diesen Voraussetzungen entsprach. Auf das Kommando „mit halber Kraft" mässigte der „Pfeil" seinen Lauf. Kurze Zeit darauf legte das Lotsenboot leeseitig an und stieg der Seelotse freudig begrüsst an Bord. Das Boot wurde dann hinten angehängt, und weiter ging es den Molen zu, in den Hafen hinein, wo wir bald an das Bohlwerk anlegten. Eine dunkle Masse im Hintergrunde liess darauf schliessen, dass sich die würdigen Dorfbewohner zahlreich zu einem stummen Empfang eingefunden hatten. Ein kurzer Gang noch und wir befanden uns vor dem Doherr'schen Badehôtel, dessen hell erleuchtete Fenster uns schon von weitem einen Willkommengruss entgegengewinkt hatten. Jetzt erst konnten wir auch die hier beschäftigten Herren Regierungsbaumeister Künzel und Regierungsbauführer Rumland begrüssen.

Die Ankunft in Rügenwaldermünde.

Das lecker bereitete Mahl nahmen wir in dem grossen festlich geschmückten Kursaal ein. Die Tafelmusik fehlte zwar, desto dankbarer nahmen wir aber später bei einem Glase hochfeinen Münchener Bieres musikalische und Gesangsvorträge einiger Kollegen entgegen. Noch lange wurden die Empfindungen über diese erste glücklich bestandene Seereise von nahezu 12 Stunden ausgetauscht, und schliesslich konnte Niemand mehr den schaukelnden Wellen ernstlich böse sein. Wir trennten uns mit dem Bewusstsein, nunmehr bald zu den seebefahrenen Leuten Berlins gezählt zu werden. Als wir uns um 6 Uhr des nächsten Morgens wieder zusammenfanden, hatte der Himmel sein schönstes Gewand angelegt, in dem er auch bis zu unserer Heimkehr geblieben ist.

Wie selbst die geschulteste Truppe, ihres obersten Führers beraubt, sich bald in kleine Abtheilungen auflöst, so geschah es auch mit uns, als der Herr Geheime Oberbaurath Hagen einige Stunden seinen Dienstgeschäften widmen musste. In 3 Trupps getheilt zogen wir nach verschiedenen Richtungen auseinander. Die Führungen hatten die mit den dortigen Bauten bekannten Herren übernommen.

Die Molenanordnung. Hierzu Lageplan auf Tafel XVII.

Die Molenanordnung dieses Hafens trägt den Erfahrungen an preussischen Ostseehäfen vollständig Rechnung. Gegen den stärksten aus NO kommenden Seegang ist der Hafen durch die Ostmole gedeckt. Die vorherrschend östliche Küstenströmung wird durch die sanfte Krümmung der Westmole leicht um diese herumgeführt und dann durch die an der Ostmole scharf zusammengehaltene Strömung der Wipper von der Hafeneinfahrt abgelenkt. Die Ostmole dient eben auch hier als Leitwand der Strömung und ist diesem Zwecke entsprechend gekrümmt angeordnet. Dass die Küstenströmung an der Stelle, wo sie von der Wipper durchbrochen wird, einen Theil der mitgeführten Sandmassen niederschlägt, kann nicht vermieden werden, schadet auch um so weniger, als jeder aus der Richtung zwischen N und O kommende stärkere Seegang dieselben wieder fortnimmt. Die Einfahrt selbst ist so gewählt, dass dieselbe jeder der üblichen Richtungen für die ein- oder ausfahrenden Schiffe Rechnung trägt.

Zu erwähnen ist hier noch das Vorhafenbassin, dessen Verwerthung als Schutzhafen in Aussicht genommen, dessen Zweck, die eintretenden Wellen zu mässigen, erreicht ist. Nach dem Stevenson'schen Gesetz beträgt die Höhe der Welle an der Molenwurzel hier nur den fünften Theil derjenigen, die sie in offener See gehabt hat. Näheres über diese Theorie findet man im § 33 des Seeufer- und Hafenbaues von G. Hagen. Als ein wesentlicher Theil dieser Anlage im Allgemeinen ist noch das natürliche Spülbassin hervorzuheben, das sich hinter der Dünenkette in breiter Fläche ausdehnt. Es sind dieses die von der Grabow und zum Theil auch von der Wipper durchschnittenen fruchtbaren Wiesen. Die hier bei einem höhern Ostseewasserstande aufgestauten Fluthen strömen noch lange Zeit bei dem Sinken des Meeresspiegels mit grosser Gewalt durch den Hafenschlauch und die Einfahrt, wodurch manche langwierige Baggerarbeit erspart wird.

Was die Ausführung der neuen Molen anbetrifft, so wurde die Rüstung für die Ostmole von dem alten Ostmolenkopf aus vorgetrieben in der Weise, dass zunächst die 3 senkrechten Pfähle des ersten Joches, dann über diese hinweg die des zweiten u. s w. eingerammt wurden. Sobald der nöthige Platz für die Aufstellung einer zweiten Ramme geschaffen war, wurden die 4 Schrägpfähle, die immer je einen Jochholm zwischen sich fassen, dann von einer dritten und vierten Ramme die Zwischenpfähle dieser Wand eingetrieben. Das so fertig gestellte Gerüst wurde gehörig verschwartet und mit Längsverband versehen, worauf die Geleise für den Steintransport und die Krahne verlegt wurden. Das Westmolengerüst wurde in derselben Weise vom Lande aus vorgetrieben. Eine Aenderung der Konstruktion trat an den Köpfen ein, wo ohne den Schutz der Pfahlwände Betonblöcke versetzt werden sollten, für die ein tiefes Bett ausgebaggert werden musste. Für diesen Zweck war auf dem Gerüst ein langer auf Rädern ruhender Rahmen aufgestellt, an dem eine verstellbare schräge Baggerleiter hing. Das Baggern wurde von Hand betrieben. Den Bau der Molenköpfe veranschaulicht die Fig. 2 auf Taf. XVII.

Dass man der See nie lange trauen darf, hat sich auch hier bestätigt, indem manch mühevolle Tagesarbeit durch eintretenden Sturm in wenig Augenblicken zerstört wurde. Die grösste Schwierigkeit war überwunden, sobald die unterste Betonblocklage versetzt war.

Um den etwa auflaufenden Schiffen ein elastisches Zwischenmittel zu schaffen, sind die Molenköpfe später mit Pfählen umstellt, in die Bogenabschnitte von mehreren über einander gelegten Bohlen eingelassen sind.

Zwischen die beiden Wände aus Schrägpfählen der eigentlichen Molen wurden dann, sobald es anging, Steine geschüttet, die bis auf Mittelwasserspiegel der Ostsee reichten. Die Wände selbst waren durch provisorische Gurthölzer und Ketten bezw. Anker mit einander verbunden. Die Steinschüttung wurde nach ihrer Fertigstellung mit grossen Betonblöcken beschwert, um das zeitraubende Setzen dieses Unterbaues der Molen zu beschleunigen. Ein Zeitraum von 2 bis 3 Jahren dürfte hierfür nicht zu kurz bemessen sein. Sobald keine Bewegung mehr zu bemerken war, wurden die Betonblöcke gehoben und auf eine 30 cm starke Konkretmasse, die auf der Steinschüttung inzwischen ausgebreitet war regelmässig versetzt. Die definitiven Anker, durch welche die beiderseitigen Gurthölzer verbunden sind, wurden mit Holzkästen umgeben, um für etwaige Erneuerungen Spielraum zu haben. Alsdann wurde die Uebermauerung vorgenommen, die auf beiden Seiten aus Mauerwerk, in der Mitte aus einer Konkretmasse — 1 Theil Cement, 10 Theile Strandkies und Sand — bestand. Der für das Mauerwerk verwandte Mörtel bestand aus 1 Theil Cement und 3 Theilen Sand. Zuletzt wurden die etwa 0,30 m starke Plattirung der Molen und die Brustmauer hergestellt, zu denen ein Mörtel aus 1 Theil Cement und 4 Theilen Sand verwendet ist.

Wie schon früher erwähnt wurde, ist die neue Ostmole eine Verlängerung der alten, und war für den hafenseitig abgebrochenen alten Kopf ein die verschiedenen Höhen vermittelnder Uebergangsbau bis zum Jahr 1884 aufgeschoben worden; es ist diese Strecke von rd. 30 m zu einem Versuch benutzt worden, durch eingebaute Gewölbe mit ansteigender und recht rauher Sohle die in den Hafen laufenden Wellen zu brechen. Den in Fig. 4 und 5 Taf. XVII beigefügten Zeichnungen dürfte wohl nur noch hinzuzusetzen sein, dass die Sohle der Hohlräume aus einer 30 cm starken Konkretmasse besteht, in die etwa 50 cm hohe pyramidenförmige nach oben recht schlank zulaufende Steine versetzt sind.

An dieser Stelle fiel eine an der Seeseite neu hergestellte Böschungsstrecke auf.

Die Sturmfluth am 4./5. Dezember 1883 hatte hier rd. 20 m der alten Ostmole durchbrochen und fortgewaschen, während die später aufgeführte Brustmauer diese Kluft als waagerechter Balken überspannte. In Moos verlegte Steine haben bis zum Juli 1884 diese Oeffnung ausgefüllt, und ist dann an ihre Stelle wieder ein regelrechter Mauerkörper gesetzt. Die Brustmauer ist immer stehen geblieben und hat bis heute noch keinen Riss gezeigt.

An die Wurzel der Ostmole schliesst sich rechtwinklig zu ihr ein Schutzdamm an, der die Form der Brustmauer erhalten hat, und der einen Durchbruch der See nach der Wipper verhindern soll. Seeseitig schützen ihn verstürzte Steine, während er landseitig etwa 2 m hoch mit Erde verfüllt ist.

Wie der Lageplan zeigt, liegt etwas östlich vom Hafen eine kleine Bucht noch innerhalb der Münde, an die sich ein flaches Thal, das bis zu den Wipperwiesen reicht, anschliesst. Um auch an dieser Stelle einen Durchbruch der See zur Wipper zu verhüten, legt sich eine Verlängerung des Schutzdammes vor diese Bucht. Dieselbe hat hier als Unterlage eine alte zum Theil durch Pfähle begrenzte Steinschüttung erhalten und besteht aus dicht neben einander versetzten 1,5 m hohen und 2,2 m tiefen Betonblöcken, die ihre schmale 1,0 m starke Seite der See zukehren. Die Rückwand wird durch eine Steinschüttung gesichert, die ein 3 m breites Bankett erhalten hat, und die mit einer Böschung von 1:1 nach Land zu abfällt. Oberkante Betonblock liegt auf + 2,44, während Oberkante Steinschüttung in Mittelwasserhöhe auf + 0,94 liegt. Wie wesentlich hier ein solcher Schutz ist, mag die Bemerkung andeuten, dass die letzte Sturmfluth das Terrain bis etwa 50 m vom Strande weg im Durchschnitt 2 m hoch mit Sand zugedeckt hatte.

Zwei
Taucherapparate.

Die Molen verlassend wandten wir uns zu den Arbeiten der Taucher, die für uns dadurch an Interesse gewannen, dass ein alter und ein neuer Taucherapparat in Gebrauch waren, und uns so die Möglichkeit geboten wurde, durch Augenschein die Vor- und Nachtheile der beiden Systeme kennen zu lernen. Der erstere ist der englische sogenannte Scaphander-

Apparat, gehört er dem Taucher selbst und findet wohl nur aus diesem Grunde noch Verwendung. Der Taucher entnimmt hier die durch die Luftpumpe zugeführte Luft aus dem Raume zwischen seinem Körper und dem Anzug bezw. aus dem Helm und athmet sie dorthin auch wieder aus. Ein Luftwechsel wird dadurch erzielt, dass der Ueberdruck dauernd aus einem Luftauslassventil ausströmt. Ganz abgesehen von der Sicherheit des Tauchers, die nur allein von der Dichtigkeit seines Anzuges abhängig ist, und der Unmöglichkeit eines gleichmässigen Athmens bei verschiedenen Tiefen, da die Zuführung der Luft nicht angemessen regulirbar ist, erschwert dieser Apparat die Thätigkeit unter Wasser ungemein. Dieselbe erstreckt sich bei den dortigen Hafenbauten mit sehr wenigen Ausnahmen auf Aufräumungsarbeiten, bei denen ein Bücken und Aufrichten erforderlich ist. Diese Bewegung ist bei dem aufgeblasenen Anzuge sehr zeitraubend. Die erwähnten Mängel werden durch den Taucherapparat von L. von Bremen & Co. in Kiel nach dem System von Rouquayrol und Denayrouze beseitigt. Die Luftpumpe hat feststehende Kolben, deren Stangen mit einem Charnir an der Grundplatte befestigt sind, während die beweglichen Cylinder an dem zweiarmigen Pumpenschwengel hängen. Auf dem Cylinderdeckel befindet sich ein Behälter mit dem Druckventil, durch den die Luft in den Schlauch gedrückt wird. Dann ist dort noch ein verschliessbarer Becher aufgeschraubt, aus dem Wasser auf den Kolben heruntergelassen werden kann. Dasselbe dient zunächst dazu den Kolbenverschluss, der durch mit einem Kupferring verschraubte Ledermanschetten erzielt ist, zu dichten, dann auch um einem Erhitzen der Pumpe vorzubeugen. Die Luft wird durch die Pumpe in zwei kurze Schlauchenden gedrückt, die bei ihrer Vereinigung ein Manometer aufnehmen. Die Skala desselben ist so eingetheilt, dass je einem Meter der Tiefe des Tauchers unter Wasser ein Strich entspricht. Befindet sich der Taucher z. B. 5 m unter Wasser so müssen die Arbeiter an der Pumpe den Zeiger des Manometers mindestens auf den Strich 5 drücken. Verminderung und Vergrösserung des Luftdrucks giebt der Taucher durch verabredete Zeichen mit der Taucherleine zu erkennen. Die Luft wird durch den Schlauch weiter zu einem Luftbehälter geführt, den der Taucher auf seinem Rücken trägt. Ueber diesem Behälter liegt die Luftkammer. Beide sind durch ein Ventilgehäuse, in dem ein konisch geformtes Ventil sich mit einigem Spielraum auf und ab bewegen kann, mit einander in Verbindung gebracht. Eine Prinzipskizze hierzu zeigt Fig. 6 Taf. XIV. Der Sitz des Ventils ist dem Luftdruck von unten entsprechend nach oben gerichtet, Führung erhält es durch zwei kurze Leitstangen. In dieses Ventilgehäuse tritt von oben durch die Luftkammer ein Schaft, der durch zwei Metall- und Kautschukscheiben mit einer dünnen durchbrochenen Metallplatte verschraubt ist. Letztere wiederum ist auf eine Kautschukkappe aufgenietet, die über die nach oben offene Luftkammer gezogen und durch Klemmringe auf ihr luftdicht befestigt ist.

Aus dieser Luftkammer entnimmt der Taucher durch einen Schlauch, der bis zu seinem Munde reicht, die Luft. Der Druck der Wassersäule über diesem Apparat wird den Boden der Kautschukkappe nach unten durchbiegen, der mit ihr verschraubte Schaft in dem Ventilgehäuse auf die nach oben gerichtete Führungsstange des Ventils drücken, und dieses allemal dann öffnen, wenn die Luftspannung in der Kammer ihm nicht das Gegengewicht hält, d. h. stets dann, wenn durch einen Athemzug des Tauchers die Luft in derselben verdünnt ist. Durch das Ventil tritt dann die Luft aus dem Behälter so lange in die Kammer, bis der von der Wassertiefe abhängige Druck dort erreicht ist. Der Taucher athmet hierdurch unabhängig von der Tiefe des Wassers stets gleichmässig. Letztere ist natürlich beschränkt und bis zu 30—40 m nur von sehr geübten Tauchern zu erreichen, während auf 20—30 m Jeder beschwerdelos tauchen kann, der die nicht ausser Acht zu lassende Vorsicht bei dem Herab- und Hinaufsteigen im Wasser beobachtet.

Die verbrauchte Luft athmet der Taucher wieder in den Zuführungsschlauch zurück, aus dem dieselbe durch das bekannte Ausathmungsventil — zwei dünne Kautschukplättchen, die nur durch den äusseren Wasserdruck geschlossen gehalten werden, und sich bei dem Ausathmen durch den Ueberdruck der inneren Luft öffnen — entweicht. Der Anzug und Helm kann bei diesem Apparat vollständig fortbleiben, er wird aber bei uns als Wärmemittel nie entbehrt werden können. Der Taucher trägt vielmehr unter dem gummirten Anzug noch für diesen Zweck besonders angefertigte wollene Unterkleider. Die Halsöffnung des Anzuges ist gleichzeitig Einsteigeöffnung und wird mit Hülfe von zwei mit einander zu verschraubenden kupfernen Achselstücken durch den Helm luftdicht verschlossen.

Der Helm selbst zeigt 4 Glasfenster, von denen das eine zum Herausnehmen nur eingeschraubt ist, ferner einen Stutzen für den Schlauch und endlich einen Hahn zum Auslassen von Luft. Als Beschwerungsmaterial führt der Taucher Bleischuhe und Gewichte.

Der schwimmende Krahn.
Hierzu Tafel XVII.

Die Taucher waren mit Aufräumungsarbeiten beschäftigt, und wäre über diese selbst nichts zu sagen, wenn dabei nicht noch ein schwimmender Krahn in Thätigkeit gewesen wäre, der unsere Aufmerksamkeit in hohem Grade in Anspruch nahm. Den Fig. 1 bis 3 auf Taf. XVIII sei noch hinzugesetzt, dass dieser Krahn ursprünglich dazu bestimmt war, Betonblöcke von der Steinschüttung der Molen abzuheben und dann vermöge seines beweglichen Auslegers hinter diese zu setzen. Er sollte bei 11 m Auslegerweite und 27,6 t Wasserballast eine Tragfähigkeit von 12,5 t haben. Augenblicklich wird er vorzugsweise zum Herausziehen von alten Pfählen benutzt und ist hierfür ein fast unentbehrliches Inventarstück. Für eine Auslegerweite von 6 m und einen Wasserballast von 1 m Höhe = 27,6 t Gewicht ist er auf eine Tragfähigkeit von 20 t probirt.

Vorrichtungen zum Herausziehen von Pfählen.

Die hierbei aufzuwendende Kraft wird durch 6 Arbeiter an einer Winde mit doppeltem Vorgelege geleistet. In der Mitte der Schmalseite des Schiffskörpers ist unter dem Ausleger eine Skala angebracht, aus deren tiefster Eintauchung die verbrauchte Kraft abzulesen ist.

In Colbergermünde werden zwei Apparate zum Ausziehen von Pfählen verwendet. Ueber den Kopf einer gewöhnlichen hydraulischen Presse wird ein möglichst kurzer Hebelsarm gelegt, und auf ihm die um den Pfahl geschlungene Kette dicht an dem Presscylinder fest aufgekeilt. Die Ketten müssen nach jedem Kolbenauszug abgefangen werden, und wird dann eine

Klotzlage zwischen Hebel und Kolbenkopf eingeschaltet, oder es werden die Ketten verkürzt. Dieser Gang wiederholt sich bis entweder der Pfahl zieht, der Hebelsarm bricht oder die Kette reisst. Letzteres geschieht sehr häufig, weil die Kraft zu schnell wirkt, und für ihre Grösse kein Maassstab da ist. Bei weniger festsitzenden Pfählen kann diese Methode empfohlen werden.

Der zweite Apparat ist auch bei fester sitzenden Pfählen gut zu verwenden. Er besteht, wie die durch Fig. 5 Taf. XVIII gelieferte Skizze zeigt, aus zwei Spindeln, durch deren Oesen die Pfahlkette geht. und die unten gegeneinander abgesteift sind. Auf jede derselben ist eine starke Mutter aufgeschraubt, deren äusserer Umfang gezahnt ist. In die Zähne beider Muttern greift das Gewinde ohne Ende einer kurzen Welle, die von 3 Arbeitern gedreht wird. Das Ganze ruht auf einem kleinen Bock. Der Erfolg ist zunächst von dem Gerüst für diesen Bock abhängig, dann von der Güte der verwendeten Kette. Das Ausreissen des Gewindes ist kaum vorgekommen. Sehr zeitraubend ist das Abfangen der Ketten und Zurückdrehen der Spindeln, wobei ein Höhenverlust, zumal bei beweglicher Unterlage nie zu vermeiden sein wird. Bei jedem dieser Apparate sind für guten Fortgang der Arbeiten 4 Mann nothwendig.

In Rügenwaldermünde wurde die Wipper unterhalb der Portalbrücke Das Einspritzen von
Spundbohlen. verbreitert und kam dabei die neue Uferlinie den benachbarten Häusern stellenweise auf 9 m nahe, sodass bei dem Einrammen der Spund- und Bohlwerkspfähle die grösste Vorsicht geboten war.

Die Spundpfähle waren 7 m lang und mussten, da das vorliegende Erdreich nur bis MW abgegraben werden konnte und sein Fortbaggern aus Mangel an einem geeigneten Bagger nicht ausführbar war, auf die ganze Länge in den aus Sand, Torf, blauem Thon und schliesslich Kiesschichten von verschiedener Mächtigkeit bestehenden Boden eingetrieben werden. Nach zeitraubenden Versuchen mit der Zugramme entschloss man sich, es mit dem Einspritzen der Pfähle zu versuchen, zumal Herr Hafenbauinspektor Anderson hiermit schon früher in Neufahrwasser gute Resultate erzielt hatte. Die 5 cm breiten und tiefen Nuthen der Spundpfähle wurden für die Führung von Wasserröhren entsprechend vertieft, die Pfahlspitzen unten so abgeschrägt, dass sie nach den bereits stehenden Pfählen hindrängen mussten und dann zu beiden Seiten der zu rammenden Wand Zwingen gelegt. Auch wurde jeder Pfahl noch fest durch Spreizen und Keile an den vorherigen getrieben. In jedem Feld trieb man zunächst der Reihe nach die einzelnen Spundbohlen auf 4 m Tiefe und dann wieder einzeln bis auf 7 m ein. Den Wasserdruck lieferte eine im Inventar vorhandene Sauge- und Druckpumpe, die von der Maschine eines ausser Dienst gestellten Dampfbaggers betrieben wurde. Ausser ihr musste aber noch eine Zugramme in Thätigkeit sein, die von 16 Mann bedient wurde.

Die Wasserrohre (Gasrohre) wurden zunächst in die Nuthen hineingelassen und dann leichte Schläge mit dem Rammbären gegeben. Einschliesslich des Verschiebens der Rammen sind in einer Stunde durchschnittlich 4 Spundpfähle gesetzt und 4 m tief eingerammt worden. Für die weitere Rammarbeit wurden nach mehreren anderen Versuchen die Wasserrohre nach Fortnahme aller Zwingen vor die Pfähle in den Boden gesetzt.

Diese Anordnung wurde gewählt, weil eine Führung der Rohre in den Nuthen sich bei diesen grossen Tiefen in Folge des Einklemmens von kleinen Kieselsteinen zwischen Rohr und Holz als sehr zeitraubend herausstellte.

Die Rohre wurden meistens auf und ab bewegt, und die Rammarbeit unabhängig hiervon betrieben. Je nach der Breite der Pfähle gebrauchte man ein oder zwei Wasserrohre. Ein an der Theilungsstelle des Schlauches für zwei Wasserrohre eingeschaltetes Manometer zeigte an, dass bei zwei Rohren im Durchschnitt ein Druck von 3 Atmosphären sich in dem Schlauche befand, während derselbe bei einem Rohre oft auf 5 und 6 Atmosphären stieg. Eine Verstopfung der Rohre bei plötzlichem Anhalten der Maschine ist nie vorgekommen, würde aber bei reinem Sandboden in solchem Falle immer eintreten und Betriebsstörungen verursachen.

Während Unterbrechungen dieser Arbeit wurden Versuche gemacht, durch den Einspritzapparat, das Ausziehen von Pfählen zu erleichtern. Die wenigen Proben haben auch hierbei gute Resultate ergeben.

In der Nähe der eben beschriebenen Baustelle war früher ein starkes Tau über die Wipper gespannt, das von dem Boden heraufgewunden wurde, sobald ein Segelschiff mit schneller Fahrt in den Hafen lief. Das Schiff fuhr gegen dasselbe und verlor seine Geschwindigkeit. Der Umstand, dass ein durchbrochenes Tau mit seinen herumschnellenden Enden einem am Ufer stehenden Arbeiter das Bein gebrochen hat, ist die Ursache gewesen, dass dieses Mittel abgeschafft wurde. Es ist unterdessen auch die Portalbrücke über die Wipper verbreitert, und namentlich die Entfernung von der Hafeneinfahrt bis zu letzterer durch die neuen Molen so vergrössert, dass eine zufällig schnelle Fahrt von Segelschiffen hier nicht mehr so gefährlich ist, zumal dieselben jetzt im Nothfall immer noch im Vorhafen einen Anker auswerfen und nachschleppen können.

Wie aber ein Schiff dazu kommen kann, trotz des Verbots mit aufgespannten Segeln das Vorhafenbassin zu passiren, zeigte ein Beispiel im Spätherbst des Jahres 1883, wo bei frischer Briese und mässiger Kälte eine Yacht mit vollem Winde in die Hafeneinfahrt lief, und die Segel in Folge des steif gefrorenen Tauwerks erst eingezogen werden konnten als die geöffnete Portalbrücke bereits in voller Fahrt passirt war.

An dieser Portalbrücke, die nichts Neues bietet, vorbei wandten wir uns zum Bauhof, wo wir wieder Alle zusammen trafen. Das sehr geräumige Terrain, mit ausgedehntem Holzlager, enthält einen Ausrüstungs- und Materialienschuppen, eine Schmiede- und Schlosserwerkstätte und ein Wohngebäude für den Bauschreiber, sowie einen Helling. Bei Letzterem liegen die Gleitbalken erhöht, sodass ein Aufklotzen der Fahrzeuge nicht nöthig ist, die Bauart soll bei dem in Stolpmünde erläutert werden.

Ein des Anstreichens bedürftiger Prahm wurde hier an Land gebracht. Als Windevorrichtung dient die Robert'sche Patentwinde, die in dem Gerlach'schen Bericht über die Studienreise vom Jahre 1883 auf Seite 20 beschrieben und durch die Figuren 49 und 50 der Tafel III erläutert ist. Es fehlen hier nur die oberen Friktionsscheiben.

Ein Tau oder eine Kette wird, um den Prahm gelegt und durch kurze Quertaue zur Erhaltung seiner Höhenlage an den Pollern befestigt. Die

Enden dieses Taues werden kunstgerecht verknüpft und über einen kurzen hölzernen Riegel gelegt, der durch das Ende des Windetaues gesteckt ist. Unter dem Prahm sind Querbalken durchgezogen und durch Taue mit diesem fest verbunden, während auf die mit ausgerundeten Nuthen versehenen Gleitbalken, die sorgfältig mit einer Mischung von grüner Seife und Talg ausgeschmiert sind, sogenannte Läufer mit entsprechenden Ansätzen verlegt sind. Sobald die Querbalken auf den Läufern aufsitzen, werden diese mit dem Prahm zugleich hochgezogen. Das Ablassen eines solchen Prahms haben wir in Stolpmünde angesehen und mag dessen Beschreibung schon hier erfolgen. Die Gleitbalken waren sorgfältig gereinigt und wie eben beschrieben, geschmiert. Der Prahm aber lag vom Windetau befreit, nur durch unterhalb jedes Querbalkens angebrachte Knaggen und kurze Haltetaue in seiner schrägen Lage befestigt. An jede Knagge und jedes Haltetau traten jetzt Arbeiter mit Aexten und schlugen dieselben auf ein gegebenes Zeichen gleichzeitig fort bezw. durch, worauf der Prahm zuerst ganz allmählig, dann immer schneller dem Wasser zueilte. Ein Arbeiter blieb auf dem Prahm und vermittelte später dessen Festlegung.

Den Bauhof verlassend bestiegen wir die „Grille", einen seefesten Schrauben-Schleppdampfer für Baggerprähme, um die Wipper hinauf zu dem etwa 2 km entfernten Binnenhafen zu gelangen. Die Wipper zwischen Bauhof und Binnenhafen

Die Ufer dieser Wasserstrasse sind durch Flechtzäune mit Hinterfüllung von Baggerboden und durch Weidenpflanzungen gesichert. Ein Leinpfad mit dahinter liegendem Graben ist nur auf der rechten Seite angeordnet, während auf der linken die ausgedehnten Wipperwiesen unmittelbar an das Wasser treten. Zum Festlegen der Schiffe sind in 40 bis 50 m Entfernung Dalben zum Theil auf beiden, zum Theil nur auf dem rechten Ufer angeordnet. Dieselben bestehen aus 3 so angeordneten Schrägpfählen, dass ein ihre Köpfe verbindender Holm normal gegen das Ufer gerichtet ist, und der stromauf stehende Pfahl durch die beiden anderen gestützt wird. Auf einer Vertikalebene parallel zum Holm würden die 3 Axen der Schrägpfähle als parallele Striche erscheinen.

Das Normalprofil der Wipper auf dieser Strecke zeigt Fig. 7 Taf. XVII.

Dem beigefügten Lageplan Fig. 8 Taf. XVII ist hinzuzusetzen, dass der Binnenhafen durch Schienenstränge mit dem nahen Bahnhof und durch eine eiserne Brücke über die Wipper mit der Stadt Rügenwalde in Verbindung gesetzt ist. Kleine Lagerschuppen, eine Dampfschneidemühle und ausgedehnte Holz-Lagerplätze bilden seine Umgebung. Lasten bis zu 20 Centner können durch einen fahrbaren Drehkrahn der mit Fairbairnschem Ausleger und einer Windevorrichtung für Handbetrieb ausgestattet ist, verladen werden. -- Auf beiden Seiten des Krahngeleises und mit diesem gleichlaufend sind eichene Balken verlegt, auf die vier Füsse mit eisernen Unterlagsplatten von dem Krahngestell zur Erhöhung seiner Standfestigkeit heruntergeschraubt werden können. Das Profil der Quaimauer zeigt Fig. 5 Taf. XX. Der Binnenhafen.

Den Hafen verlassend, gingen wir unter der liebenswürdigen Leitung des Herrn Regierungs-Baumeisters Künzel in das Städtchen Rügenwalde. Nach Besichtigung umfangreicher Mühlenanlagen an der Wipper und eines selten aufgesuchten zwischen den Schleusen liegenden Fischpasses kamen Die Stadt Rügenwalde.

 6

wir zu dem alten Schlosshof, dessen ehemals stolze Umgebung heute von Gefangenen bewohnt wird.

Von den alten Bauwerken dieses jetzt etwa 5500 Einwohner zählenden Städtchens wäre die Marienkirche, die aus dem 14. und die Gertrudiskirche, die aus dem 15. Jahrhundert stammt, hervorzuheben. Erstere ist eine gothische Hallenkirche mit gesondertem, in der Breite des Mittelschiffs hinaustretendem Chor und Thurm, dessen unterer Theil eine offene Halle bildet. Die letztere ist ein gothischer Polygonalbau, zwölfeckig, mit erhöhtem sechseckigen Mittelraum und zierlichen Sterngewölben.

Die Marienkirche birgt einen seltenen Schmuck aus alter Zeit, in Silber getriebene Darstellungen der biblischen Geschichte, die in Bezug auf saubere Ausführung wohl nicht zu übertreffen sind.

Die Rückfahrt nach der Münde unternahmen wir auf einem kleinen Tourendampfer, der stündlich diesen Weg macht. An der Portalbrücke ist die Landungsstelle, von der aus wir auf dem linken Wipperufer zum Vorhafenbassin gingen, um dort Versuche mit dem Mörserapparat anzusehen, die schon an anderer Stelle dieses Berichtes beschrieben sind.

Eine Tiefbohrung. Der Rückweg führte uns über die Brücke auf der Chaussee nach Rügenwalde bis zu dem letzten Grundstück auf der linken Seite, zum Kommissionshaus. Früher Dienstwohnung des Hafen-Bauinspektors, wird es jetzt von dem jedesmaligen Regierungsbaumeister bewohnt. Auf diesem Grundstück befindet sich ein Wohnhaus, ein Stall und ein wohl gepflegter Blumen- und Gemüsegarten, sowie ein artesischer Brunnen. Letzterem galt unsere Besichtigung.

Rügenwaldermünde hatte früher ebensowenig wie Colbergermünde brauchbares Trinkwasser und wurde, um solches zu erlangen, im Jahre 1880/81 eine Tiefbohrung auf dem fiskalischen Grundstück genehmigt und angefangen. Das Bohrloch ist 186,7 m tief, während die Futterrohre nur 136,7 m unter Terrain reichen. Dieselben haben einen inneren Durchmesser von 185 mm, sind 10 mm stark und reichen bis auf festes Kalksteingebirge. Das Bohrgestänge hatte 90 bezw. 64 mm inneren Durchmesser und eine Wandstärke von 7 mm. Die verwendete Druckpumpe lieferte 350 l in der Minute und wurde durch eine im Inventar vorhandene Lokomobile betrieben. Die Gesammtkosten der Ausführung und des zur Verwendung gekommenen Materials betrugen 22 727 M. 90 Pf. oder pro fallendes m Bohrloch 121 M. 74 Pf., wovon auf die Beschaffung und Unterhaltung der Bohrutensilien 74 M. 94 Pf., auf den Bohrbetrieb 27 M. 82 Pf., auf Herstellen und Abbrechen der Rüstungen 6 M. 7 Pf., auf den Betrieb 5 M. 3 Pf. und für sonstige Ausgaben 7 M. 88 Pf. entfallen.

Der Hergang des Baues war kurz folgender. Ueber der zu erbohrenden Stelle wurde ein Rost aus 4 kreuzweise übereinander gelegten Eichenbalken hergestellt und mit Planken bis auf die Oeffnung für das Futterrohr zugedeckt. Durch die beiden unteren Balken wurden Anker gezogen, die nach oben freistanden und in Gewinden endigten. Auf dem Rost wurde darauf ein Brunnenkranz von 2 m Durchmesser aufgemauert, und dann das Futterrohr in den Boden gesetzt. Dasselbe erhielt ein Aufsatzstück, dessen zwei seitliche Arme mit Oeffnungen versehen waren, durch die je einer der vorbeschriebenen Anker hindurchging, und dessen Mitte einen Stopfbüchsenaufsatz für das hindurchtretende Hohlgestänge erhielt. Alsdann wurden die Ankergewinde mit Muttern versehen, und so das Futterrohr durch das Aufsatzstück und die Muttern heruntergedrückt. Die aufgewendete Kraft durfte natürlich nicht das Gewicht des sogenannten Pressrostes überschreiten. Das Bohrgestänge wurde mit Hülfe eines über dem Pressrost erbauten hölzernen Bohrthurms in seiner vertikalen Lage gehalten. Die ersten 12 m sind durch einen Bohrlöffel erschlossen. Bei der dann folgenden Spritzbohrung trat das Wasser in das Futterrohr durch einen Ansatz unterhalb der Stopfbüchse ein und floss durch einen auf das Bohrgestänge geschraubten Ausguss ab. Es wurde dadurch erzielt, dass Steine bis zu 90 mm Durchmesser durch die Wasserspülung gehoben wurden. Steine bis zu 180 mm Durchmesser wurden nach Herausnahme des Bohrgestänges mittelst Schappe entfernt, und noch grössere zunächst mit dem Hohlmeissel zertrümmert und dann herausgeholt. Bei dem Meisseln wurde stets das Köbrich'sche Hohl-Freifall-Instrument eingeschaltet. Dieses besteht aus einem Bohrklotz von 200 kg Gewicht, der mit einem Hohlmeissel fest verbunden ist, und dessen oberstes Rohrstück in einer Hülse unter Anwendung von Manschettendichtung gleitet. Nach der Grundidee des Fabian'schen Freifall-Instruments hat dieses an seinem Ende zwei bis vier starke Nasen, die in entsprechenden Schlitzen des sie umgebenden Rohres passen. Diese Schlitze sind in ihrem oberen Theil so abgeschrägt und seitlich erweitert, dass das auf dem Bohrklotz herabgleitende und durch die Nasen geführte Gestänge in seiner tiefsten Stellung eine Drehung erhält, so dass unter den ersteren nicht mehr der Schlitz, sondern die volle Wand des Rohres liegt. Wird das Bohrgestänge jetzt gehoben, so muss der an seinen Nasen in ihm hängende Bohrklotz folgen. Das mit Schlitzen versehene Rohrstück hat ein Mantelrohr erhalten, das ein Austreten des Wassers durch die Schlitze verhindert, und ist mit dem eigentlichen Bohrgestänge durch eine Muffe fest verschraubt. Hat das Gestänge mit dem Bohrklotz seine höchste Stellung erreicht, so wird ersteres von dem Bohrmeister durch einen kräftigen Ruck so gedreht, dass seine Schlitze wieder unter die Nasen des Bohrklotzes kommen, und fällt dieser dann mit dem Meissel allein auf das Gestein herab. Es werden dadurch die durch das Aufstossen so häufig hervorgerufenen Brüche des Gestänges vermieden. Der Bohrschlamm wurde auch hierbei durch ununterbrochene Wasserspülung entfernt, nur trat das Wasser jetzt durch das Gestänge und den Hohlmeissel ein und floss durch das Futterrohr ab. Für den vorübergehenden Gebrauch des Bohrmeissels geschah die Hebung des Bohrzeuges durch das Förderkabel und die Winde. Als man aber in einer Tiefe von 134,7 m auf festen Kalkmergel stiess, und der Meissel dauernd gebraucht werden musste, entschloss man sich zur Anordnung eines $^{30}/_{30}$ cm starken Bohrhebels, dessen einen Arm von 5,12 m Länge 8 Arbeiter herunterdrückten, während an dem anderen von 1,83 m Länge das Gestänge gehoben wurde. Die Drucktiefe war durch untergelegte Klötze entsprechend der Fallhöhe des Freifall-Instruments auf 0,6 bis 0,7 m beschränkt. Näheres über diesen Freifall-Apparat findet man auf Seite 127 bezw. 85 der zweiten Abtheilung des 4. Bandes des Handbuches der Ingenieur-Wissenschaften mit Zeichnungen auf Taf. XI bezw. VIII. Das Futterrohr ist nach Entfernung des Gerüstes mit einem etwa 2 m hohen

Brunnenmantel umgeben und das Ganze mit einem Zeltdach abgedeckt. Die Rohrleitung hat einen Ausfluss nach der Strasse und einen solchen auf dem Hof. Der Brunnen liefert durchschnittlich in der Sekunde 5,6 l helles, wohlschmeckendes Wasser, das erst in späterer Zeit einen Schwefelgeruch gezeigt hat, der aber nach sehr kurzer Zeit verschwindet, ohne der Güte des Wassers geschadet zu haben. Eine dauernde Schwankung in der Ausflussmenge des Wassers ist bisher nicht festgestellt worden. Die Messungen werden monatlich vorgenommen. Die Beendigung des Bauwerks fiel in das Jahr 1882/83.

Vordünen.   Das Kommissionshaus verlassend, machten wir einen kurzen Spaziergang durch die Anlagen, die zwischen diesem und unserem Hotel anfangend sich ostwärts am Strande entlang hinziehen, und gelangten schliesslich zu einer neu angelegten Vordüne, deren Vorgängerin während der Sturmfluth am 4./5. Dezember 1883 ihren Zweck, in Fällen der Gefahr zu Gunsten der dahinter liegenden Fluren der hungrigen See als Futter zu dienen, erfüllt hatte.

Die Vordünen sollen in jedem Falle den treibenden Seesand festlegen, zum Schutze der dahinter liegenden Felder oder zum Schutze von Dünen, die in Kultur genommen werden können, häufig auch sollen sie verhindern, dass der Sand durch die Küstenströmung den Hafenmündungen zugeführt wird Bei ihrer Anlage ist Gewicht auf eine flache seeseitige Böschung zu legen, weil dadurch der Kern der Düne vor dem Angriff der Wellen geschützter ist. — Sie werden zweckmässig ohne Ecken und Winkel parallel der Wasserlinie, von dieser etwa 40 m entfernt angeordnet. Man legt zwei etwa 0,4 m tiefe und etwa 2 m von einander entfernte Gräben an und steckt diese mit Strauchwerk so aus, dass die Hälfte der Wand freier Zwischenraum bleibt. Die Gräben werden dann wieder zugeworfen, während die Zäune bis höchstens 1,0 m über Terrain hervorragen. Wird diese Höhe angenommen, die in jedem Falle veränderlich ist, da es vor Allem darauf ankommt, die ganze Krone des Fangezauns in einer waagerechten Ebene zu haben, so muss das Strauchwerk landseitig durch ein einfaches Spalier unterstützt werden. Man wird daher meistens nur eine Durchschnittshöhe von 0,6 m wählen, in der das Strauchwerk oder auch Strohbüschel frei stehen können. Es bildet sich bald über jedem Fangezaun ein 0,8 bis 1,0 m hoher Sandrücken, in dessen Schutze sich weiterer Sand niederschlägt. Dann wird zwischen beiden Erhöhungen eine Reihe Strandhafer (arundo arenaria) gepflanzt, während die seeseitige Böschung je nach ihrer Ausdehnung 2 bis 3 solcher in Abständen von etwa 1 m erhält. Der Strandhafer darf nicht oft und anhaltend vom Wellenschlage erreicht werden, dagegen gehört zu seiner Lebensbedingung sandiger Untergrund und stete Zuführung von frischem Seesand. Wird der Dünenfuss daher zu oft von den Wellen bespült, was von der Höhenlage des davor liegenden Strandes abhängig ist, so empfiehlt sich dessen Festlegung durch Strandweizen (elymus arenarius) der durch den Wellenschlag weniger leidet, und in kurzer Zeit den Boden dicht überzieht, also die Sandablagerung sicherer schützt. Ueber diese und andere für den Dünenbau wichtigen Pflanzen findet man das Nähere auf Seite 140 und ff. der 2. Auflage des 2. Bandes des Seeufer- und Hafenbaues von G. Hagen. Um einem in der Richtung der Vordüne wehenden Winde die Möglichkeit zu nehmen, den Sand zwischen den Pflanzen herauszuwehen, empfiehlt es sich, in Zwischenräumen von etwa 2,5 m auch Querreihen mit Strandhafer zu besetzen.

Die Vordüne vor uns zeigte die beiden Fangzäune aus Strauchwerk und zwischen ihnen bereits Strandhafer. Von hier gingen wir durch die Anlagen zurück zu Doherr, wo unser bereits das späte Mittagsmahl wartete. Nach Aufhebung der Tafel haben wir noch lange plaudernd und singend beisammen gesessen, bis uns der Mahnruf, dass zu $5^1/_2$ Uhr früh Kaffee bestellt sei, in die Schlafzimmer trieb.

Am 14. April schien die helle Morgensonne wieder so warm, dass wir alle ohne Ausnahme freudig über die bevorstehende Seefahrt den „Pfeil" bestiegen. Schnell wurde ein Korb voll eben aus den Netzen genommener Häringe erstanden, dann dampften wir hinaus in die blaue glatte See.

Als das erste freudige Gefühl über den herrlichen Morgen und die wohlthuende Frische der Luft sich gelegt hatte, schritten wir zu den in jeder Hinsicht begünstigten Messungen, wie sie jeder See-Baubeamte oft genug auszuführen gezwungen ist. Herr Geheimer Ober-Baurath Hagen hatte für diesen Zweck 2 Taschensextanten und eine Taschen-Boussole von Pistor mitgebracht, die mit dem auf dem Schiffe vorhandenen grossen Sextanten uns vielfach zu Kontrolmessungen Veranlassung gaben. Das Prinzip der Sextanten kann als bekannt übergangen werden, doch soll deren Verwerthung auf dem Schiffe kurz beschrieben werden. Es handelt sich bei diesen Messungen in den weitaus meisten Fällen darum, den genauen Ort des Schiffes auf der Karte festzustellen. Für den Gebrauch des Sextanten sind hierzu 3 bekannte und in den Seekarten vorhandene Landmarken nöthig. — Es werden die beiden Winkel, deren Scheitel im Auge des Beobachters, und deren Schenkel durch die 3 Landmarken gehen, gemessen. Dann werden diese Winkel, der Wirklichkeit entsprechend, aneinandergelegt, auf ein Stückchen Pauspapier gezeichnet und dieses auf der Seekarte so lange hin- und hergeschoben, bis alle 3 Schenkel durch die zugehörigen Landmarken gehen. Der Scheitelpunkt der Winkel ist dann der gesuchte Ort, wo sich das Schiff bei der Messung befunden hat. Sind von dem Schiffe aus nur 2 Landmarken zu erkennen, so ist die Anwendung des Sextanten ausgeschlossen. Es wird dann von der sogenannten Kreuzpeilung Gebrauch gemacht. — Auf den Schiffskompass wird hierzu ein Diopter gesetzt, durch das nacheinander beide Landmarken „gepeilt" werden. Zweckmässig führen diese Arbeit zwei Beobachter aus. Der Eine stellt das Diopter auf die betreffende Landmarke ein, und der Andere liest im richtigen Augenblick die Kompassweisung ab.

Die erste Richtung mag z. B. ONO $^3/_4$ N gewesen sein, so wird zunächst in der Deviationstabelle die Ablenkung des Kompasses für diesen Winkel nachgesehen, und dann das Parallellineal auf der der betreffenden Landmarke zunächst gezeichneten Kompassrose richtig eingestellt. Dieses Hilfs-Instrument besteht aus zwei gewöhnlichen Linealen, die so durch zwei kurze metallene Bänder mit einander verbunden sind, dass sie sich nach jeder Seite hin parallel zu einander verschieben lassen. Diese Verschiebung wird in dem vorliegenden Fall so lange fortgesetzt, bis sich eine Linie durch die betreffenden Landmarken ziehen lässt. Dasselbe wird für die zweite Landmarke gemacht, und ist dann der Schnittpunkt der beiden Richtungslinien der gesuchte Ort des Schiffes. Dass hierbei leichter Fehler vorkommen können wie bei Messungen mit dem Sextanten, ist einleuchtend. Die Messungen mit der Taschen-Boussole für den vorliegenden Zweck, waren uns allen neu, und erregte dieses überaus einfache Instrument lebhaftes Interesse. Ein kleiner Kompass, Fig. 10 Tafel XVII, von etwa 6 cm Durchmesser, dessen Nadel hier durch eine nach Graden eingetheilte Scheibe ersetzt wird, ist mit einer Arretirungsvorrichtung, ausserdem mit einem Diopter versehen. Letzteres sitzt fest und zeigt das nach rückwärts umlegbare Okular-Diopter nach der Scheibe zu einen kleinen Vorbau, dessen nach unten geneigte Deckplatte im Innern mit einem Spiegel versehen ist. Ausserdem ist in dem Boden dieses kleinen Vorbaues eine Glaslinse eingeschaltet, durch deren Vergrösserung in dem Spiegel sehr genau derjenige Strich der auf der Magnetnadel befestigten Scheibe abgelesen werden kann, welcher sich bei der Beobachtung gerade mit der festen Nordrichtung der Kompasswandung deckt. Man erhält durch die Ablesung den Winkel zwischen der Visirlinie, die durch den oberen Theil des Okular-Diopters und einen kleinen Spalt im Spiegel geht und dem magnetischen Meridian des Standortes, also einen Winkel, den man nach Kenntniss der Deklination des letzteren sofort in die Karte eintragen kann. Die Arretirungsvorrichtung dient dazu, die bewegliche Kompassscheibe im richtigen Ruheaugenblick der Beobachtung festhalten zu können.

Ein Schnitt und der Grundriss dieses zu allen Orientirungen sich vorzüglich eignenden kleinen Instruments sind in der Fig. 10 Tafel XVII wiedergegeben.

Die Landung bei Jershöft. Während dieser höchst interessanten Uebungen waren wir vor Jershöft angekommen. Die Maschine stoppte, Anker wurden ausgeworfen und zwei Boote flott gemacht. Die geringe Brandung hinderte das Landen nicht, zumal wir eine Stelle getroffen hatten, wo die Boote so nahe an den Strand kamen, dass wir trockenen Fusses auf diesen hinüber steigen konnten.

Je flacher das Terrain unter Wasser ist, desto früher tritt die Brandung ein. Man wird sich deshalb zum Landen immer die Stellen aussuchen, an denen die Wellen sich erst möglichst nahe dem Ufer brechen.

Ufer-Abbruch. Jedes Boot musste die Fahrt zwei Mal machen, und so hatten wir Zeit genug, unsere Aufmerksamkeit einem steilen und hohen Lehmufer, das stellenweise bis dicht an die See herantritt, zu widmen. Der Uferabbruch wird hier wesentlich durch die athmosphärischen Niederschläge unterstützt, die zum grossen Theil in dünnen, den lehmigen Höhenzug mit einem Gefälle nach der See durchsetzenden Sandlagen abfliessen und dabei die oberhalb und unterhalb jener gelegenen Lehmschichten schliesslich soweit aufweichen, dass Gleitflächen entstehen, auf denen ganze Erdklötze in Bewegung gerathen. Sind diese ihrer vorderen Stütze beraubt, so stürzen sie auf den Strand herab und werden von der See aufgelöst und fortgeführt.

Zu einer künstlichen Stütze des Ufers wird man sich der hohen Kosten wegen nur in den dringendsten Fällen z. B. zum Schutz eines gefährdeten Leuchtthurmes, entschliessen. Hier überlässt man es dem Hinterlande, sich durch die herabstürzenden Erdmassen eine stützende Böschung zu schaffen, und strebt nur dahin, den Fuss dieser Böschung den zerstörenden Fluthen durch Schaffung eines breiten Vorstrandes zu entziehen. Zu diesem Zwecke werden ähnlich wie bei Flussbauten Buhnen in die See gebaut, die hier aber rechtwinkelig auf der Strandrichtung angeordnet werden. In ihrer einfachsten Form bestehen dieselben aus Pfahlreihen und reichen bis zu einer Wassertiefe von 1,5 bis 1,6 bei M. W. Die Pfähle stehen entweder einfach oder in doppelter Reihe und sind bis auf Mittelwasserspiegel etwa 1,5 m in den festen Boden gerammt. Das Werk selbst muss soweit in den Strand hineinreichen, dass eine Umfluthung ausgeschlossen ist. Es bilden immer mehrere Buhnen ein System, deren Köpfe zur Leitung der Küstenströmung so angeordnet sein müssen, dass ihre Verbindungslinie zu beiden Seiten in schlanker Krümmung an die Ufer anschliesst. Für die Entfernung der einzelnen Buhnen in einem System kann man als Durchschnitt ihre Länge annehmen. Tritt dennoch die Küstenströmung zwischen sie, so schaltet man nachträglich Zwischenbuhnen ein. Näheres hierüber findet man im § 23 des Seeufer- und Hafenbaues von G. Hagen.

XIII.

Der Leuchtthurm von Jershöft.

Bearbeitet von

Loeffelholz.

Mit Zeichnung auf Tafel XII von Gerlach.

Unmittelbar nach der Landung am Strande von Jershöft begannen wir mit den Beobachtungen an einem Aneroidbarometer und einem Thermometer, um den Höhenunterschied zwischen dem Leuchtfeuer und dem Strande zu bestimmen. Die Einzelheiten dieser Höhenmessung sind in der nachfolgenden Tabelle zusammengestellt.

Der Weg zum Leuchtthurm führte uns am Strande entlang in die Nähe des Dorfes Jershöft. Ueber die auf diesem Wege gemachten Studien, zumal über den, einen Theil des Dorfes gefährdenden, Uferabbruch ist bereits an anderer Stelle berichtet.

Unfern des Dorfes, östlich von demselben, auf einer Anhöhe erhebt sich der Leuchtthurm. Die grade Entfernung desselben vom Strande beträgt nahezu 400 m. Zwischen Thurm und Strand befindet sich eine Rettungsstation mit Raketenapparat, welche von dem Deutschen Verein zur Rettung Schiffbrüchiger errichtet ist.

Der Leuchtthurm liegt nordöstlich 8,5 Seemeilen von Rügenwaldermünde und westlich 11 Seemeilen von Stolpmünde entfernt.

Hierzu Taf. XII Fig. 2.

Das Leuchtfeuergebäude ist ein runder Thurm von 31,39 m Höhe in Rohbau von rothen Ziegeln. Der Sockel hat einen Durchmesser von 6 m. Oestlich von dem Thurme befindet sich das zweistöckige massive Wohnhaus für die beiden Wärter, an welches ein einstöckiger massiver Anbau mit Räumen für die Bauverwaltung sich anschliesst.

Das Feuer ist ein weisses Blinkfeuer, 70 Sekunden gleichmässig hell, 50 Sekunden dunkel; es beleuchtet 230^0 des Horizontes. Der Leuchtapparat besteht aus 15 Lampen in 3 Gruppen mit 15 parabolischen Scheinwerfern von je 55 cm Durchmesser. Die Dochtweite der Lampen ist 6 cm. Die Drehung des Apparates geschieht durch ein kräftiges Uhrwerk. Als Erleuchtungsmaterial wird raffinirtes Petroleum verwendet. Der Verbrauch desselben beträgt 475,5 gr für die Stunde, 2000 kg für das Jahr. Die Flamme befindet sich 50,22 m über MW., 28,25 m über dem Erdboden. Die Sichtweite beträgt, auf eine Augenhöhe von 4,5 m bezogen, 18,5 Seemeilen.

Der Leuchtthurm ist 1838 errichtet.

Barometrische Höhenmessungen am Strande von Jershöft.

Ausgeführt am 14. April 1885.

Lfd. No.	Ort der Messung	Beobachteter Barometerstand	Zeit der Beobachtung	Thermometerstand ° Celsius	Corrigirter Barometerstand	Gefundene Ordinate
1	Strand von Jershöft	762,5	8h —m	5	763,2	0
2	Hochufer	760,4	8 30	5	761,0	$+ 24,0$
3	Fuss des Leuchtthurmes . .	760,8	9 15	7	761,1	$+ 23,1$
4	Plattform des Leuchtthurmes	758,7	9 35	8	758,9	$+ 47,0$
5	Fuss des Leuchtthurmes . .	761,1	9 50	8	761,2	$+ 21,7$
6	Strand von Jershöft	763,2	10 10	6	763,2	$+ 0$
7	Leuchtfeuer	—	—	—	—	$+ 48,9$

Die Berechnung der Höhen ist auf Grund der Tabellen von Jordan (mitgetheilt im Rheinhard'schen Kalender) erfolgt.

Für die ersten beiden Messungen ist hiernach:

$$b_1 = 763,2 \qquad t_1 = 5^0 \left.\right\} \quad \frac{t_1 + t_2}{2} = 5^0$$
$$b_2 = 761,0 \qquad t_2 = 5^0$$

Aus der Tafel erhält man entsprechend b_1 und b_2

$$\left. \begin{array}{l} b_I = -13,3 \\ b_{II} = +11,1 \end{array} \right\} \quad \text{Differenz } 24,4$$

Korrektionswerth der Lufttemperatur für 20 m:

$$c = -0,3;$$

daher

$$h = 24,4 - 0,3 = 24,10.$$

Die Berechnung der übrigen Punkte ist in nachstehender Tabelle enthalten.

Bei der Ordinatenbestimmung ist die Ordinate des Strandes zu 0 angenommen.

	b_1	b_2	t_1	t_2	$\frac{t_1 + t_2}{2}$	b_I	b_{II}	$b_{II}-b_I$	c	h	Corrigirtes h	Ordinate
1—2	763,2	761,0	5	5	5	— 13,30	+ 11,1	+ 24,40	— 0,3	+ 24,1	+ 24,0	+ 24,0
2—3	761,0	761,1	5	7	6	+ 11,1	+ 10,0	— 1,10	+ 0,3	— 0,8	— 0,9	+ 23,1
3—4	761,1	758,9	7	8	7	+ 10,0	+ 34,6	+ 24,60	— 0,6	+ 24,0	+ 23,9	+ 47,0
4—5	758,9	761,2	8	8	8	+ 34,6	+ 8,9	— 25,70	+ 0,5	— 25,2	— 25,3	+ 21,7
5—6	761,2	763,2	8	6	7	+ 8,9	— 13,3	— 22,20	+ 0,6	— 21,6	— 21,70	+ 0

Der Brennpunkt der Hohlspiegel liegt nach unserer Messung 1,90 m über der Plattform. Demnach ist die Ordinate des Feuers

$$47,0 + 1,9 = 48,9.$$

Nach der amtlichen Angabe liegt das Feuer 50,22 m über MW. der Ostsee.

XIV.

Stolpmünder Hafen-Anlagen.

Bearbeitet von

John.

Mit Zeichnungen auf den Tafeln XIX und XX von Priess.

Für den Rückweg wählten wir den Strand und konnten dort die Beobachtung machen, dass längere Märsche auf dieser zwar ebenen aber weichen Strasse, trotz der Annehmlichkeit der Seeluft, ein mindestens zweifelhaftes Vergnügen sein müssen. Die kundigen Strandanwohner vermeiden den Verlust an Schrittlänge dadurch, dass sie die Füsse nur wenig heben und dann im Sande leicht vorwärts schieben.

Diese Gangweise übend, gelangten wir zu unseren Booten und bewirkten dann gefahrlos die Einschiffung.

So leicht wie wir an den Strand gekommen waren, sollten wir indessen nicht wieder von ihm fort. Die östliche Strömung trieb uns auf eine Sandbank. Erst als Neptun den mit wenig Dank aufgenommenen Akt der Taufe an Einigen von uns vollzogen hatte, schickte er eine günstige

Welle, die, unterstützt durch kräftige Ruderschläge, das Boot wieder in tieferes Fahrwasser brachte.

Als wir an Bord stiegen, wälzte der des Kochens kundige Stewart bereits die sauberen Häringe in dem weissen Mehl und röstete sie dann in fetter Sauce.

Während des unter freiem Himmel eingenommenen, in jeder Hinsicht begünstigten Frühstücks, dampften wir zwischen langgestreckten Netzen, oft nur mit Schwierigkeit den Weg findend, dem Hafen von Stolpmünde entgegen. Dort angelangt, galt nach kurzer Rast in dem Hotel von Redes unser erster Gang der Ostmole.

Die Anordnung der Stolpmündner Molen, wie sie ursprünglich entworfen war.

Von den 3 kleinen hinterpommerschen Häfen ist der in Stolpmünde dem Versanden durch die Küstenströmung immer am meisten ausgesetzt gewesen. Im Jahre 1859 war der Strand schon bis zum Kopf der Westmole vorgerückt und hatte im Jahre 1863 denselben, trotz der Verlängerung der Molen um rd. 38 m schon wieder überschritten. Ein neuer Entwurf, der diesem Uebelstande abhelfen sollte, bezweckte, durch zum Strande senkrechte Molen die Küstenströmung scharf abzulenken und dem tiefen Wasser zuzuführen. Die neue Ostmole sollte sich in ihrer Binnenseite an die alte scharf anschliessen und unter Beibehaltung der sanften Krümmung des rechten Ufers sich ununterbrochen bis zum Kopfe fortsetzen. Es hätte dann die an dem einbuchtenden Ufer zusammengehaltene Strömung um so kräftiger auf die Barre vor der Mündung wirken müssen. Die Westmole sollte in einem Abstande von 75 m von der Ostmole erbaut werden und am Ende des Vorhafens einen Flügel rechtwinklich gegen den Kopf der letzteren gerichtet erhalten und dort eine Einfahrtsbreite von 38 m freilassen.

Ein weiteres Vorgehen des Strandes war bei diesem Entwurf berücksichtigt, und sollten in diesem Fall die Molen einfach verlängert und der Vorhafen von selbst ein bequemer und abgeschlossener Binnenhafen werden.

Der Stolpefluss sollte seine mitgeführten Sandmassen in einer Erweiterung des Flussbettes, einem Sandablagerungsbecken, oberhalb des Winterhafens niederlegen.

Gegen die oben beschriebene Anordnung der Ostmole sprachen sich damals die Lotsen mit der bestimmten Furcht aus, dass die Schiffe nach gewonnener Einfahrt bei westlichen Winden auf die Mole würden getrieben werden, es sei daher durchaus nothwendig, dass für dieses Abtreiben freier Platz geschaffen werde, und die Ostmole daher einen Hacken erhalte, wie ihn der beigefügte Lageplan auf Taf. XIX auch zeigt.

Jetzt hat man diese Ecke wieder zugefüllt. Das Nähere über diese Hafenanlage findet man auf Seite 481 u. ff. des zweiten Bandes der zweiten Auflage des Seeufer- und Hafenbaues von G. Hagen.

Die Bauart der Molen.

Die Bauart der Molen, wie sie an derselben Stelle im Jahre 1860 überhaupt zum ersten Mal nach Angaben seiner Excellenz des OberlandesBaudirektors, Wirklichen Geheimen Rathes Herrn G. Hagen zur Ausführung gekommen ist, zeigt Fig. 2 Taf. XX. Zum Schutz der Schiffe sind die Köpfe mit einer verankerten kurzen Wand von Schrägpfählen nach aussen umgeben. Die neue Ostmole ist auch hier eine Verlängerung der alten. Die alte Westmole dagegen hatte man s. Z. als den Hafen verengend fortgeräumt. Im letzten Jahre indessen ist dieselbe wieder durch eine Wand von starken Bohlen, deren jede dritte nach Fig. 3a u. b Taf. XX verholmt, und deren jede neunte noch durch zwei Schrägpfähle in ihrer Lage gehalten wird, ersetzt, um die Wellen des Vorhafens von dem eigentlichen Hafenschlauch fernzuhalten.

Das Vorhafenbecken ist landseitig durch ein besonderes Bauwerk abgeschlossen, das durch Fig. 4 Taf. XX dargestellt ist. Seine nicht unbedeutenden Kosten haben in Rügenwaldermünde zu dem Abschluss durch eine Packung aus grossen Feldsteinen mit einer Oberflächenneigung von 1 : 8 geführt. *Landseitiger Abschluss des Vorhafenbecken.*

Nach der Besichtigung der schon früher beschriebenen Versuche mit den Rettungsapparaten, gingen wir in das Lotsenwachthaus, um uns dort ein Nebelhorn, das mit Hand betrieben wird, anzusehen. Ein einfacher Pumpenstiefel ist auf einem Brett mit vorspringenden Rändern, auf die der Tonkünstler tritt, befestigt. Die Kolbenstange endigt in einem zweiarmigen Griff und wird durch einen Mann auf- und abbewegt. Nächst der Sohle des Pumpenstiefels befindet sich das Druckventil, durch das die Luft in ein Rohr mit einer Stahlstimme und hinter dieser in ein aufgesetztes etwa 1 m langes Horn tritt. Der Kolben enthält ein Klappventil für den Eintritt der Luft. *Nebelhorn mit Handbetrieb.*

Durch die fiskalische Bootsfähre liessen wir uns darauf nach dem Bauhofe übersetzen, der dieselben Baulichkeiten wie der in Rügenwaldermünde zeigt. *Der Bauhof.*

Von dem Helling ist in Fig. 1a bis 1c Taf. XX eine Zeichnung beigefügt, die wohl die nöthigen Erklärungen selbst enthält. Zu bemerken wäre nur, dass die Bohlen, die parallel den Gleitbalken unter den Querhölzern im Wasser angeordnet sind, nicht als nothwendiges Konstruktionsglied gelten, sondern nur als Ausgleichmittel etwaiger Höhenunterschiede angeordnet zu sein scheinen. Das hier beobachtete Ablassen eines Baggerprahms ist schon früher beschrieben worden.

Die Bagger der Colbergermünder Bauinspektion sind mit Ausnahme eines, der auf beiden Seiten Eimerleitern trägt, so gebaut, dass der Boden unter der Mitte des Schiffsgefässes gefasst und über Heck aus den Eimern mittelst Schüttrinnen in die Prähme befördert wird. Bei Arbeiten im Hafen hat diese Bauart zu Einwänden keine Veranlassung gegeben, wohl aber bei solchen vor der Hafeneinfahrt, wo schon eine unbedeutende Bewegung des Wassers die Prähme so an den Baggern reibt, dass die Ausführung von etwa dringend nothwendigen Baggerungen mit den vorhandenen Geräthen sehr in Frage gestellt war. Diesen begründeten Bedenken verdankt der Bagger „Simson" seine jetzige Gestalt. Das Baggermaterial wird auch bei ihm mit Hülfe einer Eimerleiter, die sich in einem Schlitze in der Mitte des Schiffsgefässes bewegt, in Eimern gehoben und wird entweder wie bisher über eine Schüttrinne in die vor dem Heck liegenden Prähme geleitet oder aus den Eimern in einen Schacht geworfen, in dem es mit Hülfe von zuströmendem Wasser einer Centrifugalpumpe zufliesst. Von hier wird dieser Brei in Schläuchen zu Prähmen gedrückt, die etwa *Dampfbagger „Simson".*

10 m vom Bagger entfernt beliebige Bewegungen ausführen können. Es ist für jede Seite des Baggers ein Schlauch angeordnet.

Thoniger Boden und Seesand sitzen so fest in den Eimern, dass letztere einen Theil ihres Inhalts meist erst dann abgeben, wenn sie an der Schüttrinne bereits vorüber sind. Diesem nicht unbeträchtlichen Verlust an schon gehobenem Baggergut vorzubeugen, ist bei dem Bagger „Simson" noch die Einrichtung getroffen, dass der unterhalb der Schüttrinne liegende Schacht zur Centrifugalpumpe mit einer Schieberklappe so versehen ist, dass der sonst verloren gehende Boden in diese Oeffnung hineinfällt, der Pumpe zugeführt und dann von dieser durch einen Schlauch zu dem Prahm gedrückt wird. Eine zweite Centrifugalpumpe liefert das nöthige Wasser, um den Boden einmal aus der Schuttrinne, dann auch aus dem Schacht zu der oben erwähnten Centrifugalpumpe hinaus zu spülen.

Eine Verbundmaschine liefert die Kraft zu dem ganzen Betriebe. Durch sie werden auch die Trommeln für die Seitentrossen, die Winde für das Ankertau und ein Kapstan zum Vorholen bewegt. Der Bagger fördert nach den Angaben des Maschinenmeisters 71 cbm Boden in der Stunde. Ausser dem Maschinenraum befinden sich unter Deck sehr geräumige Schlafstellen für die Besatzungsmannschaften, und zwei schöne Zimmer für den Maschinenmeister. Das Baggergut wird in Prähme mit Bodenklappen gebracht, in denen sich die erdigen Theile schnell von dem mitgeführten Wasser sondern und letzteres schliesslich über Bord abfliesst. Die Prähme werden von dem Raddampfer „Pfeil" in See geschleppt und dort entleert.

Die Aufsicht über die Arbeiten in dem Stolpmündener Hafen führt Herr Hafenbauschreiber Bütow, über die Maschinen Herr Maschinenmeister Krüger.

Das Sandablagerungsbecken.

Während unserer Besichtigung lag der „Simson" in dem Sandablagerungsbecken, wo er an stürmischen Tagen eine beliebige Rinne baggert, deren Zuschüttung dann der Fluss sich wieder angelegen sein lässt. Es werden hier durchschnittlich im Jahr 20 000 cbm Sand abgebaggert.

Das Kielholen.

An Land gesetzt, gingen wir zur Kielbank, deren Bauart nichts Neues bietet. Das Kielholen wird bewirkt, um eine Erneuerung des Anstriches oder kleine Ausbesserungen des unter Wasser liegenden Schiffsgefässes vornehmen zu können. Es werden hierzu zwei s. g. Grundtaue mit je einem Ende in angemessenen Abständen an den dem Land zugekehrten Pollern, mit den freien Enden aber, nachdem diese unter dem Schiff durchgezogen sind, an für solche Zwecke im Wasser eingerammte Pfähle befestigt. Darauf wird ein Taljenblock an dem zwischen den Grundtauen liegenden Mast befestigt, während ein zweiter Block an den Holm der Kielbank gebunden ist. Der Läufer des durch die Blöcke gezogenen Taues führt zu einer Erdwinde.

Abschluss des Winterhafens.

Der weitere Weg führte uns zur Südseite des Winterhafens, dessen Abschlusswand durch Fig. 6 Taf. XX dargestellt ist, und dessen landseitige Begrenzung zum Theil durch Bohlwerke, zum Theil durch eine eingerammte Spundwand gebildet wird, deren doppelte Gurthölzer in Höhe von MW liegen und nach hinten verankert sind, während sich gegen sie der Fuss einer abgepflasterten Böschung stützt. Die Kaimauer des Hafens zeigen die Fig. 5a u. 5b Taf. XX.

Den geebneten Wegen der neuen Dünenanlagen westlich von Stolpmünde folgend, erreichten wir die Kuppe einer bereits bewaldeten Dünenkette, die zugleich die Grenze zwischen dem Eigenthum des Staates und dem der Gemeinde Stolp bildet. Auf dem Grund und Boden der letztgenannten Besitzerin liegen noch 3 alte Dünenketten, die als zweifelhaftes Vermögensstück sich selbst überlassen sind, und die jetzt als Wanderdünen den vom Staat sorgfältig gepflegten Waldstreifen vernichten. Auf dem Gipfel einer solchen Wanderdüne stehend, sahen wir in unserer allernächsten Umgebung nur kahlen Sand, dann weiter in der Böschung ein Paar dürre Kiefernäste, Baumspitzen und ganz unten wieder den üppigen Waldboden, über den alles Leben vernichtend die Düne sich langsam fortwälzt.

Mögen die auf Seite 135 der zweiten Auflage des zweiten Bandes des Seeufer- und Hafenbaues von G. Hagen in so bestimmter Voraussicht niedergeschriebenen Worte: „Ich habe diese auffallende und gewiss grossartige Erscheinung der wandernden Dünen so ausführlich beschrieben, weil hoffentlich bald kein Beispiel derselben an unserem Ostseestrande noch aufzufinden sein wird", recht bald in Erfüllung gehen.

Erst nach Sonnenuntergang erreichten wir unser Hotel.

Der letzte Abend unseres Beisammenseins war zunächst dem Ausdruck des herzlichsten Dankes gegen unsere gefeierten und durch ihre persönliche Liebenswürdigkeit ausgezeichneten Führer gewidmet, dann folgte Gesang, dessen Schlusslied „Auf Matrosen die Anker gelichtet", den Reisegenossen eine angenehme Erinnerung wohl stets noch so lange zurückrufen wird, so lange die Erinnerung an diese Reise selbst in ihnen lebendig ist.

Den nächsten Morgen, am Mittwoch, den 15. April, verabschiedeten wir uns von Herrn Geheimen Oberbaurath Hagen und Herrn Hafenbauinspektor Anderson, die sich um $7^3/_4$ Uhr einschifften, um mit dem „Pfeil" die Weiterreise nach Neufahrwasser anzutreten. Nachdem wir noch von den Molen aus den Scheidenden ein Hoch und Grüsse nachgesandt, gingen wir eiligen Schritts zum Bahnhof und fuhren von dort, den Herren Regierungsbaumeister Künzel, Regierungsbauführer Frost und Rumland ein herzliches Lebewohl sagend, in Begleitung des Herrn Regierungs- und Baurathes Benoit um $8^1/_4$ Uhr nach Stolp ab.

XV.
Rückfahrt nach Berlin.

Bearbeitet von

Latowsky.

Der erste Theil der Fahrt bewahrte noch den Charakter der Studienreise, denn hier war es Herr Regierungsrath Benoit, der uns im Abtheil unter Vorlegung von Plänen zuerst über die entworfene Eindeichung der Wonnebach-Niederung, sodann über den Hafen von Vlissingen einen Vortrag hielt.

Die Wonnebach-Niederung im Kreise Köslin wird von Zeit zu Zeit von den Unbilden der Ostsee heimgesucht, indem die Sturmfluthen hoch auf die Wiesen hinauftreten und so die Kultur schädigen. Der zur Abstellung dieses Uebelstandes vorgeschlagene Entwurf geht nun dahin, sowohl den Wonnebach wie seine Zuflüsse so weit hinauf, als nach den bisherigen Erfahrungen nöthig, einzudeichen. Hierdurch würde freilich ein grosser Theil der Niederung seiner natürlichen Entwässerung beraubt werden, wodurch die Aufstellung von Schöpfmaschinen, allerdings nur von 6 Pferdekräften, nothwendig werden würde.

Ueber die Ausführung ist noch keine Entscheidung getroffen, die Vorarbeiten aber hat der Staat übernommen.

Herr Regierungsrath Benoit sorgte übrigens nicht nur für unsere akademische Unterhaltung während der Fahrt, er hatte auch noch die Liebenswürdigkeit uns während des Aufenthaltes, den wir in Stolp hatten, die Stadt unter seiner Führung kennen lernen zu lassen. In technischer Beziehung war es besonders ein hölzernes Schützenwehr in der Stolpe bei einer Sägemühle dicht oberhalb der Stadt, das von uns, so viel es die Zeit erlaubte, besichtigt wurde.

Hiermit waren dann die Studien beendet, und man hatte nur noch die Empfindung des Heimwärtseilens. Als Herr Regierungsrath Benoit, nachdem er uns noch bis zuletzt so zu Dank verpflichtet hatte, in Köslin uns verlassen hatte, da ging das Bestreben Aller nur noch dahin, sich die Zeit auf die beste Art zu vertreiben.

In Austausch heiterer Erinnerungen, beim Kartenspiel und unter guten und schlechten Witzen verflogen die Stunden. Der Abend war da, als wir in Berlin auf dem Stettiner Bahnhof anlangten. Ein gemeinschaftlicher Trunk vereinte noch auf einige Minuten die Reisegenossen, noch einmal stiess man an „auf Wiedersehen“ und ging von einander mit dem letzten Gruss „auf Wiedersehen“.

Nimmt nun wohl einer von uns dies Büchlein zur Hand und sein Auge überfliegt wohlgefällig die erinnerungerweckenden Zeilen, dann sieht er gewiss sie alle im Geiste vor sich, die guten Gesellen, die Nutzen und Freude und die kleinen Leiden mit ihm getheilt, und wohl noch nach Jahren murmeln seine Lippen den leisen Wunsch: „Auf Wiedersehen“!